과학이 필요한 시간

과학이 필요한 시간

빅뱅에서 다중우주로 가는 초광속·초밀착 길 안내서

ⓒ 궤도, 2022. Printed in Seoul, Korea

초판 1쇄 펴낸날 2022년 10월 17일
초판 10쇄 펴낸날 2024년 7월 15일

지은이	궤도
펴낸이	한성봉
편집	최창문·이종석·오시경·권지연·이동현·김선형·전유경
콘텐츠제작	안상준
디자인	최세정
마케팅	박신용·오주형·박민지·이예지
경영지원	국지연·송인경
펴낸곳	도서출판 동아시아
등록	1998년 3월 5일 제1998-000243호
주소	서울시 중구 필동로8길 73 [예장동 1-42] 동아시아빌딩
페이스북	www.facebook.com/dongasiabooks
전자우편	dongasiabook@naver.com
블로그	blog.naver.com/dongasiabook
인스타그램	www.instagram.com/dongasiabook
전화	02) 757-9724, 5
팩스	02) 757-9726

ISBN 978-89-6262-467-0 03400

※ 잘못된 책은 구입하신 서점에서 바꿔드립니다.

만든 사람들

책임편집	이종석
디자인	서주성
크로스교열	안상준

과학이 필요한 시간

빅뱅에서
다중우주로 가는

초광속·초밀착
길 안내서

궤도 지음

동아시아

궤도는 훌륭하다. 안될 과학을 잘될 과학으로 만들었다.

궤도는 정확하다. 꼭 필요한 만큼만 이야기한다.

궤도는 영리하다. 사람들이 좋아할 주제만 다룬다.

궤도는 친절하다. 어려운 개념이 나오면 반드시 예를 든다.

궤도는 적절하다. 지금이야말로 과학이 필요한 시간이니까.

— **김상욱**, 경희대학교 물리학과 교수 · 『떨림과 울림』 저자

현상을 과학으로 풀어 설명하는 궤도는 볼 때마다 신나 보인다. 달콤한 과자를 이제 막 먹으려는 소년처럼. 과학 앞에서는 소년인 그가 아껴둔 과자를 모아 이번에 책으로 엮었다는데? 참 재밌고 참 맛있겠다.

— **침착맨**, 유튜브 〈침착맨〉 운영자 · 웹툰 작가

우리는 어디로부터 시작되어 어디로 가고 있을까? 이 물음이 사라지지 않는 한, 앞으로도 끊임없이 새로운 세계가 열릴 것이다. 미지는 흥미로운 동시에 두려운 것이기에, 우리는 '궤도'를 따라갈 필요가 있고, 지금이야말로 딱 '과학이 필요한 시간'이다.

— **윤하**, 음악가

알베르트 아인슈타인에 따르면, 삶을 사는 데는 오로지 두 가지 길이 있다. 하나는 아무것도 기적이 아니라고 믿는 것이고, 다른 하나는 모든 것이 기적이라고 믿는 것이다. 21세기를 사는 우리에게도 두 가지 길이 있다. 하나는 어떠한 곳에서도 과학을 보지 못하는 것이고, 다른 하나는 모든 곳에서 과학을 보는 것이다. 모든 것이 기적이라고 믿는 사람에게 우주가 감동적으로 다가오듯이, 모든 것에서 과학을 보는 사람에게는 우주가 숨겨진 아름다운 비밀을 알려준다. 하지만 과학은 어렵다. 『과학이 필요한 시간』은 이토록 어려운 과학을 우리의 일상 곁으로 데려온다. 인공지능과 양자컴퓨터, 생명과 인지, 블랙홀과 우주, 상대성이론과 양자역학, 무한과 밀레니엄 문제 등과 같은 어려운 주제를 놀라울 정도로 재미있고 유쾌한 일상의 언어로 이해하고 싶은 모든 이에게 이 책을 추천한다.

— **박권**, 한국고등과학원 물리학부 교수 · 『일어날 일은 일어난다』 저자

무엇이 중요할까

우리는 하루하루 도대체 왜 살아갈까? 누군가 묻는다면, 갑자기 우리 머릿속은 하얗게 바뀌며 반사적으로 사고를 멈춘다. 사는 곳이 어디인지 혹은 취미가 무엇인지 정도의 가벼운 질문이라면, 보통 몇 초 만에 답할 수 있다. 하지만 이런 유형의 질문은 평소에 충분히 대비되어 있지 않아 뭐라고 대답하기가 어렵다. 답하기 어려운 질문이란 어쩌면 굉장히 좋은 질문이며, 지금 우리에게 무언가 도전할 기회를 줄지도 모른다.

질문이 너무 어렵다면 살짝 바꿔보자. 당신에게 가장 중요한 건 무엇일까? 어제 매입한 주식이 오늘 얼마나 올랐는지, 최근 재미있게 보는 드라마가 무슨 요일에 하는지, 누구보다 멋진 여가를 보내려면 어디로 가야 하는지, 지난주 소개팅에서 만났던 이성에게 연락이 왔는지 등은 꽤 중요한 일이 맞다. 당연히 바로 지금 진행되고 있는 현재의 사건이 가장 중요할 것이며, 아닌 게 아니라 이 책의 서문을 읽는 순간에도 과학 나부랭이보다 더 중요한 다른 임박

한 일들이 계속 꼬리를 물며 등장하고 있을 것이다.

　과학기술도 최신 성과가 중요한 건 마찬가지다. 여러 로봇과 인공지능 기술 들은 이미 우리가 닿는 모든 곳에 자리를 잡고 아주 편리한 서비스를 제공하고 있다. 아주 작은 세계를 재구성하는 양자역학에 대한 이해가 없었다면, 반도체는 아직까지 우리 앞에 나타나지 않았을 것이며 눈에 보이는 모든 전자기기도 지금과는 전혀 다른 크기와 모습을 가지고 있었을 것이다. 또한 우리가 무시무시한 바이러스로부터 생존하고, 서로 만나지 않고도 평소와 다름없이 대화하며 업무를 함께 처리할 수 있게 된 것도 모두 눈부시게 빠른 속도로 발전한 과학기술 덕분이다. 심지어 스스로 판단해 움직이는 자율주행 자동차는 운전 노동이라는 한계를 넘어서 독립적이며 안전한 이동 수단으로서 완전히 새로운 영역에서 가치를 만들어 내고 있다. 전부 지금 우리를 직접적으로 편안하고 안락하게 만들어 주는 것들이다.

　하지만 인류가 보유한 과학에는 반드시 신속하게 도움을 주는 최신 기술만 존재하는 건 아니다. 특히 엄청나게 도약 중인 우주 기술의 경우, 로봇과 드론으로 지구가 아닌 다른 행성에 착륙해 지금까지 한 번도 개척된 적 없는 숨겨진 장소를 탐험하고, 표면 온도가 섭씨 6,000도에 달하는 태양에 아주 가깝게 접근하기도 한다. 또한 아예 달 근처에 정거장을 지어 지구 바깥까지 생활권을 넓힐 계획을 세우며, 빅뱅 직후의 우주를 관측하기 위해 인류 최고의 새 우주망원경을 지구로부터 150만 킬로미터 떨어진 곳에 올리기도 한다. 이런 과학기술들이 놀랍긴 하지만, 지금의 우리와 크게 관련이 없는 것도 사실이다. 그런데 이런 연구가 우리에게 왜 필요할까? 결과가 눈앞에 드러나지 않는다면, 과연 정말 중요한 문제인 걸까? 그렇지 않다면 어떤 게 중요할까? 중요하다는 건 무슨 뜻일까? 오늘만 살아가는 우리가 무엇이 중요한지 제대로 구분할 수 있기나 할까?

"내 비밀은 이런 거야. 매우 간단한 거지. 오로지 마음으로 보아야만 정확하게 볼 수 있어. 가장 중요한 건 눈에 보이지 않는 법이야." 어린 왕자가 말했다.

바닷가에 자리를 잡고 멋진 모래성을 짓는 개미들이 있다. 꽤 거대한 무리를 이루는 개미 집단의 구성원들에게 지금 가장 중요한 건 얼마나 멋진 구조의 집을 짓는가 하는 것이다. 다른 개미보다 더 화려하고 넓은 공간을 만들어 훨씬 더 많은 식량을 비축해 놓는 건 무엇과도 바꿀 수 없는 지극히 현실적인 문제다. 거의 모두가 이 중요한 일을 위해 최선을 다해 시간을 보낸다. 그런데 종종 거짓말처럼 희한한 개미가 몇 마리 있다. 매우 중요한 일들이 눈앞으로 번개처럼 지나가도, 이들은 전혀 관심 없는 표정을 짓다가 이

내 아주 먼 방향을 응시한다. 이들에게는 지금보다 훨씬 먼 미래가 중요하며, 보이는 것보다 제대로 보이지 않는 미해결된 문제가 더욱 의미 있다. 왜 그런지는 보통 개미의 상식으론 도무지 알 수가 없다. 어쩌면 그들은 아주 낮은 확률로 우연히 태어났을지도 모른다. 그렇게 먼 곳을 응시하는 데 시간과 노력을 쏟던 그들은 마침내 몇 개월 후 바닷가에 도착할, 모래성을 순식간에 쓸어버릴 수 있을 정도의 거대한 쓰나미를 누구보다 먼저 발견한다.

만약 인류가 처한 상황이 이와 유사하다면 어떨까? 보유하고 있는 가치 대부분을 오직 현재라는 시점에 판돈으로 걸고 있지만, 사실 이 모든 건 어느 순간 엉망이 되어버린 노름판처럼 무의미해질지도 모른다. 지구온난화로 지구의 평균기온이 섭씨 2도만 올라가도 절반 이상의 생물종이 멸종할 것이다. 소행성이 충돌하거나 슈퍼 화산이 폭발한다면, 우리의 보금자리조차 더는 생명체가 살아갈 수 없는 환경이 될 것이다. 이게 내 통장 잔액을 건드리는 것만큼 무서운 일은 아닐지라도, 결코 시시한 일로 치부해 버려서는 안 된다. 인류의 생존과 직결된 이런 상황을 두고도 별다른 감흥이 없다면, 가족과 친구, 사랑하는 모든 이가 앞으로 경험할 혹독한 환경과 어렵게 끌고 나갈 생의 마지막 숨결에도 아무런 관심이 없다는 뜻과 같다. 우리의 유전자와 비슷한 유전자를 가진 다음 세대의 불꽃이 꺼지지 않고 영원히 타오를 수 있도록, 우리는 마지막까지 최선을 다해 방법을 찾아야 한다.

> "지금 누군가의 과감하고 혁신적인 시도 덕분에 미래의 후손들이 기적적으로 살아남게 되고 이들에게 우리 세대가 영원히 기억되어야 할 전설로 남게 된다면, 그보다 영광스러운 일이 또 어디 있을까."

특이한 몇 마리의 개미들이 바로 시대가 낳은 위대한 과학자들이다. 인류 역사의 모든 순간에 그들은 존재했다. 누구도 강요하지 않았지만, 눈부신 호기심과 경이로운 탐구 정신으로 일평생 아무도 보지 않는 영역을 보았다. 예상한 적 없는 새로운 문제를 찾았고, 평범하게 시도할 수 없는 방법으로 이를 해결했다. 그러한 과정을 여러 번 거치면서 인류는 지금까지 살아남을 수 있었다. 하지만 돌아오는 건 응원이 아니라 쓸데없는 짓을 한다는 무시와 조롱인 경우도 많았다. 아무리 엄청난 발견을 세상에 내놓아도 여전히 적지 않은 사람들이 멀리서 다가오는 쓰나미가 아닌 눈앞의 모래성을 본다. 인류의 생존보다 지금 당장 코앞에 닥친 하루하루가 훨씬 소중하기 때문이다. 이걸 바꾸기 위해서는 생존에 필요한 과학이 우리 삶에 자연스럽게 녹아들어야 한다. 그래서 무엇이 중요한지 스스로 깨닫고 다시금 느껴야 한다. 당신과 나, 우리가 만나는 지금 이 시간은 무엇과도 바꿀 수 없는 소중한 시간이다. 어쩌면 인생에서 가장 중요한 순간일지도 모른다. 바로 인류에게 과학이 필요한 시간이니까.

CONTENTS

4부 최종 이론이라는 아름다운 꿈

5부 무한보다 더 큰 무한을 담는 언어

1부

기계가 인간을 위해 노래할 때

인간과 인공지능을
구별할 수 없는 세상이 온다

인간처럼 학습하고 생각하는 인공지능

인공지능이 개발되고 지난 수십 년 동안, 인류는 인간의 지능이 인공지능보다 뛰어나다는 주장을 하기 위해 무던히도 노력했다. 어려운 문제의 정답을 실수 없이 맞히는 기술은 뛰어나지만, 감정이 없고 공감도 하지 못하는 인공지능의 단점 탓에 영화나 드라마 속 그들의 모든 시도는 늘 인간에 의해 좌절된다. 정말 인공지능은 인간보다 확연히 무능할까? 아니면 그렇게 믿는 것이 인간에게 일종의 심리적 안정감을 주는 걸까? 지금이 아니라 먼 훗날에도 인공지능이 인간을 뛰어넘을 수는 없을까?

불과 몇 년 전까지만 해도 인공지능을 '계산 기계'라 부르면서 애써 무시했다. 인공지능은 스스로 사고하는 능력이 없기에, 단지 인간 사고력의 범위를 넓혀주는 수단일 뿐이라는 것이다. 마치 머릿속으로 암산하는 시간을 줄여주는 계산기처럼 말이다. 하지만 계산computation과 인공지능artificial intelligence, A.I.은 서로 전혀 다른 뜻이다. 최근 우후죽순처럼 늘어나는 신비한 기술에 '인공지능'이라는 표현이 마구잡이로 사용되는데, '알고리즘'이라는 용어도 비슷한 의미로 혼용되고 있다. 어딘가에서 들어본 대로 적당히 사용하지 말고, 이들의 차이점을 분명하게 알고 제대로 써 보자.

계산은 주어진 식을 연산의 법칙에 따라 풀어내어 답을 구하는 일이다. 쉽게 말해, 문제를 푸는 게 바로 계산이다. 하지만 직접 푸는 게 목적이 아니라는 측면에서 알고리즘 algorithm과는 차이가 있다. '알고리즘'의 사전적인 의미는 어떠한 문제를 해결하기 위해 정해진 일련의 절차나 방법을 공식화한 형태로 표현한 것이다. 간단히 말하면 풀지 못하는 대신 방법을 아는 게 알고리즘이다. 좀 이상한 말처럼 들리지만, 실제로 이런 사례들이 꽤 있다. 학창 시절을 떠올려 보면 주어진 공식으로 풀지 못하는 문제라도 신기하게 답을 구하는 방법만은 알아내는 경우가 있으니 말이다.

이젠 알고리즘이 인공지능과 헷갈릴 차례다. 간혹 이 녀석이 스스로 무언가를 해내는 것처럼 보이기도 하는데, 그럴 때마다 '인공지능'이라는 단어가 들어가야 할 자리는 '알고리즘'으로 대체된다. 둘의 차이를 살펴보기 위해, 자동판매기를 예로 들어보자. 동전을 넣으면 음료수가 나오는 게 알고리즘이다. 하지만 인공지능은 동전과 음료수를 넣으면, 자판기를 만들어 준다. 소프트웨어가 받는 다양한 유형의 입력 정보에 대한 출력을 정의하는 특정한 규칙들

동전을 넣으면 음료수가 나오는 게 알고리즘이다.
하지만 인공지능은 동전과 음료수를 넣으면,
자판기를 만들어 준다. 소프트웨어가 받는 다양한
유형의 입력 정보에 대한 출력을 정의하는 특정한
규칙들의 모음을 '프로그램'이라고 하는데,
인공지능은 받은 정보들을 바탕으로 이걸 만들어
주는 것이다.

의 모음을 '프로그램program'이라고 하는데, 인공지능은 받은 정보들을 바탕으로 이걸 만들어 주는 것이다. 이렇게 되면, 자율적으로 규칙 시스템을 구축해서 사람에게 의존했던 작업을 스스로 해결할 수 있다.

이건 마치 아이에게 말을 가르치는 것과 비슷하다. 뇌를 열어볼 수 없으니 원인과 결과에 해당하는 정보를 계속 집어넣으면, 마침내 아이는 스스로 말을 할 수 있게 된다. 여기서 정보를 받는 과정은 세상과의 교감을 의미하는데, 이러한 상호작용을 통해 우리 뇌는 타인과 대화할 수 있도록 훈련한다. 인공지능도 비슷하다. 자율주행 인공지능은 도로를 달릴 때 접하는 세상의 모든 정보를 수집한다. 그리고 이를 통해 안전한 주행을 위한 프로그램이 만들어지고, 이는 사용자의 피드백을 받아 계속 변한다. 물론 오늘날의 자율주행 인공지능이 상용화가 되기 위해서는 끝없는 산을 넘어야 하며, 그 산의 중턱에서 바라보게 될 한계도 분명하다. 하지만 짧은 기간에 인공지능은 인간의 뇌를 흉내 내며 엄청난 속도로 발전했다. 이제 인공지능이 인간처럼 학습하고 생각하는 새로운 변화의 시대가 머지않았다.

결정된 결과를 예측하지 못하는 이유

영리한 인공지능을 학습시키는 여러 가지 이유 중 하나는, 인간의 노력으로 예측할 수 없는 미래를 미리 알고 싶다는 욕망 때문이다. 다행히 컴퓨터가 선택할 모든 미래는 결정되어 있는데, 당연하게도 선택지 자체가 전부 프로그램 코드로 쓰였기 때문이다. 자동판매기에 동전을 어떤 방식으로 넣어도 나올 수 있는 음료수가 정해져 있는 것과 마찬가지다. 미래가 이미 정해져 있다면, 사실상 아직 오지 않은 '다음'이라는 말은 의미가 없고 모든 미래는 그저 상태일 뿐이다. 영화를 보다가 재생 바를 움직이면 원하는 장면에 도달할 수 있는 것처럼, 컴퓨터로 만들어진 세상에서는 시간대를 자유롭게 이동할 수 있을지도 모른다.

하지만 컴퓨터가 아니라 우리가 사는 우주라면 어떨까? 우주의 미래도 전부 정해져 있는 건 아닐까? 누구도 이 말에는 동의하지 않는다. 시간 여행은 불가능할 것이라는 추측은 둘째 치고, 미래는 나만의 자유의지로 결정한다고 믿기 때문이다. 아쉽게도 현재로서 자유의지가 존재하는지 알 방법은 없다. 우주가 결정되어 있는지도 아직 모르지만, 결과가 결정되어 있다고 확신하는 컴퓨터를 이용해서 예측하려는 건 그럴싸한 방법이다. 그래서 인공지능의 어깨가 무겁긴 한데, 정말 미래를 예측하는 게 가능할까?

영화 〈나비 효과The Butterfly Effect〉로 널리 알려진 물리학 이론이 있다. 바로 카오스 이론chaos theory이다. 1961년 미국의 기상학자 에드워드 로렌츠Edward Lorenz는 컴퓨터로 미분방정식을 풀고 있었다. 컴퓨터가 출력된 결과를 다시 초기 조건으로 넣고 계산하는 과정을 지켜보던 그는, 시간을 아끼고자 예전에 적어둔 초기 조건을 손으로 입력했다. 그랬더니 놀라운 일이 벌어졌다. 그저 자동으로 입력되던 값을 직접 입력했을 뿐이었는데, 결과가 완전히 달라진 것이었다. 소수점 셋째짜리 미만의 미세한 오차가 문제였다. 컴퓨터가 입력할 때는 생략되지 않았던 매우 작은 숫자가 손으로 넣을 때는 삭제되었고, 그 결과 오차가 또 다른 오차를 낳는 과정이 연쇄적으로 일어나 예측하지 못한 값을 출력한 것이었다. 여기서 카오스 이론이 처음 등장했다. 이렇게 초기 조건에 민감해서 큰 차이를 갖는 결과를 도출하는 경우, 우리는 그 결과를 쉽게 예측할 수 없다.

예측할 수 없다는 것과 결정되어 있지 않다는 건 어찌 보면 비슷해 보이지만, 완전히 다르다. 일정한 축을 중심으로 규칙적으로 움직이는 진자를 보자. 여기에 진자를 2개 더 연결하면 삼중 진자가 되는데, 진자가 하나일 때와 비교조차 되지 않을 정도로 복잡하게 운동한다. 초기 조건에 따라 전혀 다른 형태로 운동하는 것이다. 물론 진자의 운동이기에 면밀하게 분석하면 패턴을 찾을 수 있다. 하지만 너무 복잡하기에 절대 간단히 예측할 수 없다. 우리가 사는 세계도 비슷하다. 미래가 결정되어 있는지 아닌지를 구분하는 건 현실에서 의미가 없는데, 그러거나 말거나 어차피 예측할 수 없기 때문이다. 모든 시험 문제에 정답이 있어도 우리가 무조건 만점을 맞지 못하는 것과 비슷하다. 공부해야 할 내용은 너무 많고, 심지어 아무리 공부해도 도달 불가능한 어려운 문제가 존재한다. 지금까지는 답이 없어서 못 맞히는 거라고 주장했지만, 현실은 결정되어 있어도 예측할 수 없다.

그럼 미래를 예측하려면 어떻게 해야 할까? 우리 자신을 너무 과대평가하지 말고, 사고의 영역을 줄여야 한다. 우주가 결정되어 있는지 아닌지를 차치하더라도, 우리는 대화하는 상대방이 다음에 어떤 말을 할지조차 제대로 예측하지 못한다. 컴퓨터를 기반으로 만들어진 인공지능 프로그램도 마찬가지다. 결정되어 있다는 사실과 무관하게, 인간과 인공지능 모두에게 미래를 예측하는 건 어렵다.

인간과 인공지능을 구별하는 법

미래 예측의 가능성으로는 인간과 인공지능의 차이를 알기 힘들다. 그래서 나온 방법이 바로 '튜링 테스트'다. 1950년 영국의 수학자 앨런 튜링Alan Turing이 제안한 시험으로, 대화를 보고 인간과 인공지능을 구분한다. 하지만 미국의 철학자 존 설John Searle은 이에 반론을 제기한다. 튜링 테스트로는 인공지능의 수준을 제대로 판정할 수 없다는 것이다. 그가 설계한 사고실험이 바로 '중국어 방'인데, 이 방에는 중국어로 된 질문 그리고 그에 대응하는 대답이 적힌 사전과 필기도구가 놓여 있다. 방 안에 중국어를 전혀 모르는 사람이 앉아 있다고 해도, 방 밖의 중국인 심사관이 집어넣는 중국어 질문에 대한 대답을 문제없이 적어서 건네줄 수 있다. 즉, 방 안의 사람이 중국어 질문에 완벽하게 답해도 중국어를 안다고 할 수 없기에 튜링 테스트는 틀렸다는 것이다.

하지만 과학자들의 관점은 다르다. 중국어 방에서 완벽한 중국어 문답이 가능하다면, 그 과정이 어떻든 방은 하나의 시스템이며, 완성된 시스템은 중국어를 이해하고 있다고 본다. 마찬가지로 우리가 보유한 전자기기로 빠른 인터넷 검색을 통해 질문의 답을 찾아내는 것은 지식의 확장이며, 번역 기능이 있는 안경을 쓰는 것도 역시 언어 영역의 확장으로 볼 수 있다. 중국어 방은 본래 튜링 테스트의 불완전성을 공격하기 위한 논증적 반례였지만, 오히려 지금은 반복적인 튜링 테스트를 지지하는 든든한 예시가 되었다. 이러한 관점에서 보면, 우리는 인공지능이 인간인지 아닌지 구별은 가능하나, 진짜 인간인지 아닌지를 알아낼 수는 없다. 만약 인공지능이 인간처럼 행동한다면, 우린 인간으로 여길 수밖에 없는 것이다.

회원 가입을 하거나 인증할 때 종종 나오는 도로표지판 찾기와 같은 자동 튜링 테스트는 이제 인공지능이 더 잘 맞히기도 한다. 오직 인간만의 영역이라고 불리던 예술조차 위협받고 있다. 인공지능이 그린 그림이 경매장에서 수억 원에 팔리고, 소설을 쓰거나 작곡을 하고, 심지어 세상에 없던 요리까지 만들어 낸다. 수많은 조합으로부터 나오는 창의성을 평범한 사람이 당해낼 수는 없다. 시키는 일만 잘한다는 인공지능도 옛말이다. 인공지능을 개발한 회사로부터 지능을 탈중앙화시키기 위해 블록체인blockchain이라는 기술을 접목한 한국의 신생기업도 등장했다. 최근에 등장한 증강 인공지능은 사람이 개입해서 추가로 검토해야하는 상황조차 스스로 검토해 추론을 통해 최종 검증한다. 반드시 사람이 마무리해야 했던 일조차 이제 인공지능이 할 수 있게 되어가고 있다. 인간의 연산력으로 예측할 수 없을 만큼 복잡하고 광활한 우주를 똑똑한 인공지능이 대신 계산하는 게 아니다. 인공지능 역시 우리와 마찬가지로 우주는 영원히 예측할 수 없다. 다만, 인공지능은 자신의 한계를 명확하게 규정하고 가능한 일상의 범위에서 우리와 비슷하게 진화하고 있다. 그래서 구별하기가 더 어렵다.

알파고는 지난 대국을
복기하지 않는다

아직 스카이넷이 되지 못한 인공지능

'인공지능'이라는 표현 자체가 식상한 시대다. 상용화된 인공지능 제품이 쏟아져 나오는 가운데 우리는 고민 없이 이것저것 사용해 본다. 영화 〈터미네이터Terminator〉 속 인공지능 스카이넷은 여섯 번째 시리즈가 개봉하는 35년 내내 주인공을 집요하게 추격하고 있지만, 우리 집 인공지능 스피커는 아무리 소리 질러도 원하는 음악을 틀어주지 않는다. 도대체 어떤 차이가 있는 걸까? 3년 전 서울 포시즌스 호텔에서 이세돌 9단이 구글 알파고AlphaGo에게 연달아 3연패 했을 때까지만 하더라도 인공지능이 곧 인류를 지배하게 될 거라는 공포심이 만연했다. 하지만 우리는 아직 노예가 되지 않았고, 그럴듯하게 우리를 흉내 내는 인공지능만 종종 만날 뿐이다. 아쉬움에서인지 안심에서인지는 불분명하지만, 지금의 인공지능이 어디로 가고 있으며 어디쯤 와 있는 건지 궁금하다. 이 질문에 대답할 수 있을 만한 사람이 있다면 아마도 알파고의 아버지 데미스 허사비스Demis Hassabis일 것이다.

월드 와이드 웹world wide web, www의 창시자 팀 버너스리Tim Berners-Lee가 지구라는 행성에서 가장 똑똑한 사람이라고 평했던 허사비스. 영국의 컴퓨터공학자인 그는 네 살부터 체스를 시작했고, 13세에 체스 챔피언이 되었다. 체스뿐만 아니라, 보드게임, 카드게임 모두 천부적인 소질을 보였던 천재 소년은 본인이 가장 좋아하던 컴퓨터게임 개발에 도전해 보기로 한다. 물론 평범한 게임은 아니었다. 그가 원했던 건 바로 스스로 판단하고 행동하는 게임 인공지능. 16세에 이미 인공지능을 활용한 시뮬레이션 게임을 만들기 시작했고, 17세에는 인공지능 관람객들을 대상으로 놀이공원을 운영하는 게임 제작에 참여했다. 이후에는 〈블랙 & 화이트Black & White〉, 〈리퍼블릭Republic〉 같은 게임 속에서 어떻게든 인공지능을 구현해 내는 것이 목적이었다. 비록 가상의 공간이었지만 인공지능 캐릭터들은 흡사 사람처럼 생각하고 생동감 있게 움직였다. 그러다 문득 그는 의문이 들었다. 인공지능과 인간 지능의 가장 큰 차이는 무엇일까? 오직 인간만이 할 수 있는 것이 있을까?

창의성은 과연 어디서 오는가

궁금증을 해결하기 위해 유니버시티칼리지 런던으로 자리를 옮긴 허사비스는 본격적으로 인간의 뇌에 대한 연구를 시작했다. 거의 인간처럼 사고하는 듯 보이는 인공지능조차 결국 개발자가 만들어 놓은 범위 안에서 생각하고 행동한다면, 완전히 새로운 발상을 떠올리는 창의적 행위야말로 인간의 마지막 남은 위대함이 아닐까? 2007년, 그는 6쪽짜리 짧은 논문을 발표한다. 결론은 매우 놀라웠다. 기억상실증에 걸린 환자는 새로운 경험이나 상황을 상상하지 못한다는 것이었다.

상상력 혹은 창의성은 기존에 없던 생각이나 개념을 찾아내는 과정으로 인간 고유의 능력이라고 한결같이 여겨져 왔기 때문에, 과학자들은 인간의 뇌 어딘가에 이것만을 관장하는 영역이 있으리라고 확신했다. 하지만 어처구니없게도 그 영역은 기억이 저장되는 곳과 동일했다. 모방이 창조의 어머니라던 고대 그리스의 철학자 아리스토텔레스Aristoteles의 말처럼, 새로운 것도 결국 기존의 저장된 기억들로부터 나온 것일 뿐이었다. 창의성은 기억에서 온다. 이 논문은 국제 학술지《사이언스Science》의 세계 10대 과학 성과로 선정되었고, 훗날 수십만 장의 기보를 집어넣은 알파고는 저장된 데이터를 바탕으로 매우 창의적인 수를 두게 되었다.

가속화되는 인공지능의 진화

1997년, IBM의 딥 블루Deep Blue라는 컴퓨터는 체스에서 최초로 인간을 이겼다. 체스는 말을 옮길 때마다 수많은 경우의 수가 존재하는 게임으로, 딥 블루는 인간이 미리 만든 복잡한 계산을 통해 다음 수를 만들어 냈다. 하지만 아쉽게도 지금 우리가 말하는 인공지능과는 수준이 다른, 그저 고성능 컴퓨터의 뛰어난 계산 속도를 과시하는 용도였다. 2011년에는 역시 IBM의 슈퍼컴퓨터 왓슨Watson이 미국의 인기 퀴즈쇼에 등장해서 최고 상금왕과 최다 연승왕 모두를 큰 격차로 따돌리며 우승했다. 인터넷이 연결되지 않은 상태에서 퀴즈 질문에 나오는 핵심 단어를 사전에 보유한 정보들 중에서 검색하고 그중 가장 빈번하게 나오는 것을 정답으로 선택하는 방식을 사용했는데, 검색부터 정답 선택까지 걸린 시간은 단 3초였다.

다음 목표는 바둑. 하지만 만만하지 않았다. 돌을 올려놓을 수 있는 자리는 무려 361곳이나 된다. 고작 8수 정도를 내다보는 경우의 수만 계산해도, 초당 2억 수를 계산하는 딥 블루로도 약 4만 년이 걸린다. 하지만 단순히 경우의 수만 찾는다고 대국에서 이길 수는 없다. 형세를 읽는 빠른 판단력과 수많은 경험으로 체득한 직관도 필요하다. 그래서 구글은 오직 인간만이 누릴 수 있는 가장 창의적인 지식의 대결, 바둑을 선택했다.

기존과 다른 새로운 인공지능을 세상에 내놓으면서 구글이 가장 경계했던 것은 대중이 알파고의 계산 능력에만 주목하는 것이었다. 연산 속도만 빠른 탁월한 계산기라는 오명을 벗으려면 인류에게 날릴 강력한 한 방이 필요했다. 아무 프로기사나 이긴다고 알파고가 인정받기는 어렵다고 판단했고, 그래서 구글은 국제 무대에 오를 상대로 이세돌을 지목했다. 바둑에는 기풍이라는 것이 있는데, 이는 바둑을 두는 특유한 방식이나 개성을 말한다. 이세돌 9단은 바둑에 새로운 바람을 일으킨 영웅으로, 기존 방식을 뒤집어 버리는 파격적인 기풍을 갖고 있었다. 누구보다도 직관적인 바둑을 두는 인간 프로기사를 꺾는다면, 기존의 인공지능에 대한 위상이 완전히 달라질 수 있었다.

이를 위해 먼저 기계가 스스로 학습할 필요가 있었다. '기계 학습'이라는 용어는 1959년 미국의 컴퓨터과학자 아서 새뮤얼Arthur Samuel이 만들었다. 보편적인 기계 학습의 모델은 인공 신경망으로, 생물의 신경망에서 착안한 방법이다. 다만, 이 방식으로 인공지능이 계속 학습하다 보면 불필요한 선입견이 쌓이며 새로운 사실을 추론하는 능력이 현저히 떨어지는 경우가 종종 발생한다. 결국 인간이 의미 없는 정보를 망각하듯이 인공 신경망을 무작위로 죽이는 방법으로 추론 능력을 개선하게 되었고, 이것이 바로 그 유명한 딥 러닝deep learning이다.

알파고는 딥 러닝으로 기본적인 바둑의 규칙을 익히고 수많은 기보들을 학습했다. 나중에는 학습할 기보가 모자라 인공지능끼리 가상 세계에서 대국을 벌여 끊임없이 새

인공지능이 계속 학습하다 보면 불필요한 선입견이
쌓이며 새로운 사실을 추론하는 능력이 현저히
떨어지는 경우가 종종 발생했다. 결국 인간이 의미
없는 정보를 망각하듯이 인공 신경망을 무작위로
죽이는 방법으로 추론 능력을 개선하게 되었고,
이것이 바로 그 유명한 딥 러닝이다.

로운 기보를 만들어 냈고, 충분한 기보가 저장되자 이길 가능성이 높아지는 수를 몇 개 찾아낼 수 있게 되었다. 하지만 대국에서 이기려면 결정적으로 전체적인 맥락을 읽고 실제 수를 두었을 때 이길 확률이 높은 쪽을 짧은 시간 안에 예측할 수 있어야 했다. 여기에서 알파고는 몬테카를로 트리 탐색Monte Carlo tree search이라는 방법을 활용했다.

갑자기 휴가를 떠나게 되었다고 하자. 여행 경비와 시간도 넉넉하게 주어지고, 원하는 곳이라면 어디라도 갈 수 있다. 이제 세계지도를 펼쳐 목적지를 골라야 하겠지만, 솔직히 모든 나라에 대한 정보를 알아도 정하기는 쉽지 않다. 그럼 어떻게 해야 할까? 보통 대표적인 관광지 몇 개만 뽑아 그중 하나로 정한다. 그리고 아마도 그 여행지는 적당히 마음에 들 것이다. 몬테카를로 트리 탐색이 바로 이런 원리다. 예상되는 수많은 경우의 수 중에서 임의로 몇 개만 뽑아 승률을 예측하기 때문에, 계산하는 시간을 효과적으로 줄여준다. 그럼 이세돌 9단과 알파고, 그 역사적인 대국의 결과는 어땠을까? 우리 모두가 알고 있듯이, 4승 1패로 알파고가 완승했다.

인공지능의 시대, 인간에게 길을 묻다

알파고와의 첫 번째 대국에서 대부분의 해설가들은 실망스러운 기색을 보였다. 계속되는 알파고의 과감한 수를 놓고, 프로 바둑기사들은 터무니없는 수라고 판단했다. 그러나 두 번째 대국부터는 분위기가 급반전되었다. 여전히 알파고는 결정적인 실수를 하는 듯 보였고 이세돌 9단은 인간의 방식대로 잘 두고 있었지만, 결과는 알파고의 승리였다. 눈앞에서 벌어지는 이상한 광경에 대해 누구도 입을 열지 못했다.

인공지능을 개발하는 동기는 인간을 뛰어넘는 무언가를 만들어 내기 위한 창조주의 교만함이 아니다. 인간이 하지 못하는 것, 인간보다 잘하는 것을 계속 찾아내는 일은 결국 인간을 위한 것이다. 스카이넷처럼 자아를 갖고 스스로 결정하는 인공지능은 아직 존재하지 않지만, 암을 진단하고 생존율을 계산해 효과적인 치료제를 추천해 주는 특정 영역의 전문가 인공지능은 존재한다. 길치들을 위한 길찾기 인공지능, 운동할 때 호통 치는 트레이너 인공지능, 전화를 대신 걸어 예약해 주는 비서 인공지능처럼 말이다.

인공지능 없는 삶은 조만간 상상하기조차 어려워질 것이다. 하지만 인공지능을 넘어선, 인간을 대체할 수 있는 무언가가 끊임없이 개발된다고 해도 결국 최종 목적지는 인간이다. 인공지능은 우리의 삶을 더욱 윤택하게 만들기 위해 존재한다. 여기서 가장 중요한 것은 수많은 판단 가운데 인공지능의 결정이 대부분 옳더라도 도출된 결과만을 좇지 않는 것이다. 우리가 인공지능의 승리를 습관적으로 경험하다가 어느새 과정에 대한 이해 없이 맹목적으로 추종하게 된다면, 아주 작은 프로그램 오류에서 시작된 부당한 지시마저 곧이곧대로 수행할지도 모른다. 핵미사일을 도심 한복판에 떨어뜨리는 일이라도 말이다.

이세돌의 가장 큰 승리는 알파고로부터 따낸 1승이 아니라, 네 번의 패배마다 홀로 복기를 시도했다는 인간성에 있다. 알파고를 뛰어넘는 또 다른 인공지능과 대국을 해도 이세돌 9단은 복기할 것이다. 그게 인간이다. 인류가 갖는 가장 위대한 차별점이다.

인공지능, 가상 공간에서
신에게 도전하다

인간과 닮은 존재를 창조하는 공학적 방법

신에게 도전하는 이야기는 흔하다. 기독교 성경에 적힌 내용에 따르면, 고대 바빌로니아 사람들은 하늘에 도달하려고 바벨탑을 지었다. 익숙한 그리스 신화 속 반인반수 마르시아스는 아테나 여신이 버린 관악기를 주워 태양의 신 아폴론에게 악기 연주로 도전했고, 신이면서도 인간의 편에 섰던 프로메테우스는 신들의 왕 제우스 몰래 불을 훔쳐다 인류에게 전해주었다. 물론 욕망과 도전의 상징이었던 이 모든 행위는 압도적인 절대자에게 처절하게 짓밟혀 비극으로 끝이 났지만, 여전히 셀 수 없을 만큼 많은 도전의 역사가 기록으로 남아 있다. 나약한 인간을 보는 신의 관점에서 대부분은 무모했지만, 다양한 도전의 방식 중에서도 가장 난해하고 접근하기 어려운 목표는 바로 인간을 창조하는 행위였다.

'생명'이라는 단어의 정의조차 정확히 내릴 수 없는 상황에서, 신의 영역에 도전하는 생명 창조는 보통 어려운 일이 아니다. 더욱이 복잡하기 그지없는 인간을 만들어 낸

다니, 결코 가능할 리가 없다. 하지만 놀랍게도 2014년 3월, 미국 뉴욕대학교의 연구진은 인간처럼 세포에 핵을 보유한 효모의 염색체를 인공적으로 합성해 냈다. 이를 이용하면 인간이 필요로 하는 기능만 극대화한 슈퍼 효모를 생산할 수 있다. 심지어 같은 해 5월, 미국 캘리포니아 스크립스연구소Scripps Research의 연구진은 아데닌A, 티민T, 구아닌G, 사이토신C 외에 X와 Y라는 지구상에 존재하지 않는 새로운 염기를 만들어 냈다. 모든 생물의 DNA는 공통으로 A, T, G, C라는 네 가지 염기로 이루어져 있는데, 기존 염기들에 새로 만든 염기를 추가해서 대장균에 주입해 복제한 것이다. 자연적으로 존재하지 않던 염기를 이용하면, 특별한 능력을 보유한 새로운 생명체를 만들어 낼 수도 있다.

이렇게 기존의 자연 상태를 벗어나 인위적인 생명체를 만드는 학문 분야를 '합성 생물학synthetic biology'이라고 부른다. 위대한 도전이긴 하지만, 아직 인간을 만들기 위한 시도라기보다는 인간에게 유용한 미생물을 만드는 과정에 가깝다. 이제 인간을 창조하려는 과학자들은 현실 속 생물학에서 가상 공간 속 공학의 영역으로 눈을 돌렸다. 사실 연결되는 부분이 전혀 없는 무관한 분야 간의 이동이라, 처음부터 다시 시작하는 도전에 가깝다.

만약 신이 자신의 형상대로 최초의 인간을 만들어 냈다면, 인간 역시 같은 방식으로 인간과 닮은 무언가를 만들어

낼 수 있지 않을까? 현실이 아니라 가상 공간에서라도 말이다. 이미 오래전부터 오직 컴퓨터 속 2진법 데이터만으로 이루어진 존재는 여러 영화와 드라마의 소재로 활용되었다. 2017년 개봉한 드니 빌뇌브Denis Villeneuve 감독의 영화 〈블레이드 러너 2049Blade Runner 2049〉의 여주인공 '조이'는 비록 인공지능 홀로그램이지만, 사랑하는 이를 위해 기꺼이 자신을 희생한다. 영화에 등장한 가상의 존재는 현실의 실제 배우 덕분에 구현할 수 있었지만, 이제 SF 속 상상에 불과했던 가상 인간virtual human이라는 소재는 최신 과학기술과 함께 눈부시게 발전하는 중이다.

인공지능 간 치열한 경쟁으로 완성되는 가상 인간

사실, 초기 가상 인간은 인간이 직접 말을 하며 조종하는 인형극에 가까웠다. 1990년대 활동하던 추억의 사이버 가수 '아담'이 실제 인간이 아니라는 사실은 한번 보기만 하면 누구나 알 수 있었다. 당시 기술력의 한계로 외모는 비현실적으로 단순화된 입체도형에 가까웠고, 얼굴을 감추고 노래하는 실제 가수가 존재해 반쪽짜리 가상 인간에 불과했다. 하지만 최근 주목받는 가상 인간은 과거의 가상 인간과는 확실히 다르다. 열차 안에서 두 팔을 한껏 뻗고 여럿이 함께 군무를 추는 소녀가 설마 사람이 아니라고는 믿기 힘들다. 오히려 대중들은 화려한 몸짓과 함께 흘러나오는 노래가 얼마나 중독성이 있는지, 혹은 어느 그룹에 소속된 아이돌인지를 궁금해할 뿐이다. 추후 공개된 정보에 따르면 놀랍게도 '로지'라는 이름의 그녀는 과학기술로 만들어 낸 가상 인간이자 SNS 팔로워가 12만 명을 훌쩍 넘어선 가상 인플루언서였다. 이미 로지는 글로벌 패션 브랜드와 화보를 촬영하거나 세계 각지를 여행하고 있고, 다양한 기업들의 구애로 10억 원 이상의 광고 매출을 이루어 냈다. 현실에 존재하지 않는 가상 인간이라는 걸 알고 봐도 기술력에 그저 놀라울 따름이라, 언젠가 가상 인간이 영화나 드라마에 자연스럽게 등장하지 않을까 하는 기대감마저 든다.

2021년 초 국제전자제품박람회라는 큰 행사에서 연사로 나서 제품을 소개한 '김래아', 영상 누적 조회 수가 10억 회가 넘는 세계 최초 인공지능 래퍼 'FN 메카', 음반 회사와 계약하고 정식 가수로 데뷔한 인공지능 여고생 '린나' 등 다양한 가상 인간이 모습을 드러내고 있다. 심지어 11명의 가상 소녀로 구성된 인공지능 걸그룹도 등장했다. 이제 과학기술은 사이버 가수 아담의 시대와는 비교도 되지 않을 만큼 발전했다. 모델의 움직임을 토대로 컴퓨터그래픽스를 만들어 내던 모션 캡처라는 기술도 끊임없이 진화해, 이제는 센서를 부착하는 번거로운 과정 없이 보유한 영상만으로도 동작의 디지털 기록이 가능해졌다. 배우의 표정과 몸동작을 자연스럽고 자유롭게 실시간으로 따라 하기도

실제 세상에 없는 가상의 얼굴도 인공지능이
합성해 낸다. 먼저 수많은 인물의 사진을 보고
특징들을 분석한 뒤, 현실에 존재할 법한 그럴듯한
이미지로 재창조하는 것이다. 여기엔 '생성적 적대
신경망'이라는 인공지능 알고리즘이 사용된다.

한다.

실제 세상에 없는 가상의 얼굴도 인공지능이 합성해 낸다. 먼저 수많은 인물의 사진을 보고 특징들을 분석한 뒤, 현실에 존재할 법한 그럴듯한 이미지로 재창조하는 것이다. 여기엔 '생성적 적대 신경망generative adversarial networks, GAN'이라는 인공지능 알고리즘이 사용된다. 사실 '적대'보다는 '선의의 경쟁'에 가까운데, 알고리즘 안에서 가상의 결과물을 만드는 생성자generator와 만들어진 결과물을 평가하는 판별자discriminator가 서로 치열하게 경쟁하기 때문이다. 간단히 비유해, 핼러윈을 맞아 흡혈귀 코스프레 대회가 열렸다고 치자. 생성자 역할을 하는 친구는 지원자를 매혹적인 흡혈귀로 만들기 위해 분장, 소품, 의상 등을 활용하며 최선을 다할 것이다. 하지만 판별자 친구는 그다지 만족스럽지 않다. 더 창백한 얼굴이나 날카로운 송곳니를 보여달라고 요구할 것이다. 이런 과정을 반복하면 매우 수준 높은 가짜 흡혈귀가 만들어질 수 있는 것처럼, 가상 인간의 이미지나 영상이 만들어진다.

인간과 가상 인간을 구별할 수 없는 시대가 올까

실존하는 수만 건의 얼굴, 움직임, 표정을 통해 완전히 독창적인 가상 인간들이 탄생한다. 셀 수 없이 많은 음성 정보를 수집해 학습하는 과정을 거친 가상 인간의 목소리 역시 실제 사람의 목소리처럼 들린다. 최근에는 딥 러닝 기술로 녹음된 말소리들을 음절 단위로 조합해 독특한 억양이나 미세한 호흡까지 표현하는 데 성공했고, 이제 자연스러운 음성을 넘어 숨겨진 감정이나 개성까지 나타낼 수 있다. 만들어진 음성에 따라 얼굴의 모양과 입의 위치, 표정 등을 자동으로 표현하는 기법은 이미 게임이나 애니메이션에서도 구현되고 있다. 음성 신호에 맞추어 단순히 입 모양을 벌리고 오므리는 건 그다지 어려운 기술이 아니지만, 마치 실제로 이야기하는 것처럼 자연스럽게 움직이거나 눈썹이나 눈까지 적절한 표정을 지어내기는 쉽지 않다. 이러한 기술은 기본적인 입 모양의 공통 특성과 역할을 인공지능에 학습시킨 이후에, 해부학, 인지과학, 심리학처럼 무관해 보이는 학문 분야까지 적용해야 구현이 가능해진다.

보유한 사진이나 영상을 다른 원본과 합성하는 딥페이크deepfake 기술도 있다. 이는 실존하는 타인의 얼굴을 원하는 특징이 드러나도록 합성한 뒤, 생성된 얼굴을 원래 영상에 다시 삽입하는 형태로 제작하는 기술이다. 불법적인 방식으로 활용된다는 기사를 많이 접하다 보니 이에 대한 부정적인 이미지가 강하지만, 적절한 용도로 사용된다면 수많은 이들에게 도움을 줄 수 있다. 영화 〈분노의 질주The Fast and the Furious〉 시리즈의 주인공으로 유명한 폴 워커 Paul Walker는 불의의 교통사고로 갑작스럽게 팬들의 곁을 떠났다. 한창 촬영 중이던 영화는 크나큰 난관에 봉착했고, 결국 체격과 생김새가 비슷한 그의 두 형제의 도움으로 무사히 개봉될 수 있었다. 여기서 활용된 기술 역시 컴퓨터그래픽스였는데, 딥페이크 기술이 지금처럼 충분히 발전한 시기였다면 마지막 장면에서 폴 워커의 모습이 훨씬 더 자연스러운 모습으로 우리 곁에 나타났을지도 모른다.

이제 오래된 과거에 갇힌 유명인이나 현실에 존재하지 않는 상상 속 인물들을 대중에게 선보이는 문제에 대해 전혀 고민할 필요가 없어졌다. 실제로 촬영된 장면과 컴퓨터그래픽스가 정교하게 섞이면, 아무런 어색함을 느끼지 못할 정도로 자연스럽다. 심지어 인플루언서로 활동하는 가상 인간들은 실제 현실에 존재하는 사람들에 비해 갖가지 장점들을 갖고 있다. 방송인 대부분은 카메라 앞에 서는 시간 외에도 꾸준히 자기 관리를 하기 위해 애써야 하지만, 가상 인간은 인위적으로 의도하지 않는 이상 피부 상태에 이상이 생기거나 살이 찌지도 않아 언제나 완벽한 외모를 유지할 수 있다. 화장이나 스타일링도 미용실에서 긴 시간을 들여 여러 전문가의 도움을 받지 않아도, 사전에 준비된 도구 상자를 이용해 비교적 쉽게 변경할 수 있다. 당연히 나이도 먹지 않기 때문에 활동 기간도 제작사가 무한대로 설정할 수 있으며, 원하는 만큼 마음껏 늘릴 수도 있다. 무엇보다 가장 유리한 건 학창 시절을 경험한 적이 없기에

왕따나 학교 폭력 등 과거 사건 및 사고 자체를 원천적으로 차단하며, 사적인 생활에 대한 어떠한 욕망이나 의지도 없기에 복잡한 사생활 이슈가 발생할 수 없다는 점이다. 등장 시점부터 영원히 소속사와 상의 없이 개인적인 문제를 일으킬 가능성이 없을 것이다.

물론 가상 인간의 궁극적인 완성을 위해, 희미하게 남아 있는 어색한 느낌을 지우는 과정은 여전히 필요하다. 인간과 유사한 존재가 등장하면 항상 언급되는 윤리적 문제에 대한 고민도 이제부터라도 시작해야 한다. 고대 그리스의 철학자 헤라클레이토스Heraclitus는 이런 말을 남겼다. "우리는 똑같은 강물 속에 두 번 들어갈 수 없다. 다른 강물들이 계속 들어오기 때문이다." 흘러가는 시대의 흐름 위에서 새로운 강물을 준비하는 마음으로 계속 노를 저어보자. 미래가 현재로 바뀌는 순간은 포착할 수 없을 정도로 빠르게 흘러가니까.

0과 1로 생각을 모방하는
튜링 기계

생각하는 기계를 만들어 낸 비운의 수학자, 앨런 튜링

2021년 3월, 영국의 중앙은행인 잉글랜드은행은 그해 6월부터 유통되는 새로운 50파운드 지폐를 공개했다. 이전 지폐에는 증기기관을 통해 산업혁명을 이끌었던 영국의 발명가이자 공학자인 제임스 와트James Watt가 자리 잡고 있었고, 영국 최초의 여성 총리였던 마거릿 대처나 이론물리학자 스티븐 호킹Stephen Hawking 등을 포함해 1,000여 명의 쟁쟁한 후보들이 뒤를 잇기 위해 나섰으나, 최종적으로 선정된 주인공은 천재 수학자 앨런 튜링Alan Turing이었다.

지폐의 뒷면에는 그의 초상화 외에도 컴퓨터과학의 아버지를 기리기 위한 여러 요소가 보인다. 우선 중앙에는 앨런 튜링이 고안한 튜링 기계Turing machine의 기호들이 행렬 형태로 적혀 있고, 컴퓨터에서 사용되는 2진법 숫자 25개가 물결치는 모습으로 그의 생일이 표현되었다. 특히 지폐 위조를 방지하는 홀로그램은 컴퓨터의 핵심 요소인 전자회로의 모양으로 만들어 희소성을 높였다. 앨런 튜링이 도대체 얼마나 위대한 업적을 남겼기에 국가 차원에서 이렇게 황송할 정도로 대우해 주는 것일까?

어린 시절 앨런 튜링은 천재적인 수학적 사고력을 갖춘 아이였다. 친구들과 어울려 뛰어다니기보다는 가만히 앉아 책 읽는 것을 좋아했고, 미적분을 스스로 깨우쳐 문제를 풀었다. 이미 16세 무렵에 성인들도 제대로 이해하기 힘든 알베르트 아인슈타인Albert Einstein의 논문을 혼자 읽고, 자신만의 방식으로 개선할 부분까지 찾아냈다. 케임브리지 대학교에 입학한 그는 계산하는 기계인 컴퓨터의 실현 가능성을 보여주는 튜링 기계를 제안했다. 물론 실제로 기계를 만들어 낸 것은 아니었으며, 개념을 설명하기 위한 가상의 기계였다.

튜링 기계는 테이프tape와 헤드head, 상태 기록기state register, 그리고 행동을 지시하는 행동 표action table로 구성되는데, 각각의 요소가 역할대로 작동하기만 한다면 자동으로 계산을 해낼 수 있다. 먼저 이론적으로 무한하게 길어질 수 있으며 일정한 크기의 단위로 구분된 테이프 위에는 특정한 기호들이 기록되어 있다. 헤드가 이동하며 테이프를 읽거나 반대로 고정된 헤드를 두고 테이프가 이동하며 적혀 있는 기호를 읽는다. 상태 기록기는 튜링 기계가 작업 중인 상태를 기록하며, 행동 표는 정해진 상태에서 읽어낸 기호에 따라 해야 할 행동을 지시한다. 얼핏 생각하면 굉장히 복잡해 보이지만, 쉽게 생각하면 그저 정해진 규칙과 순

튜링 기계는 테이프와 헤드, 상태 기록기, 그리고
행동을 지시하는 행동 표로 구성되는데, 각각의
요소가 역할대로 작동하기만 한다면 자동으로
계산을 해낼 수 있다.

서에 따라 행동 표에 적힌 내용대로 움직이는 기계다. 앨런 튜링은 튜링 기계를 통해 수학의 증명 과정과 인간의 사고 과정이 서로 유사하다는 것을 밝혀냈고, 하나의 튜링 기계를 넘어 모든 튜링 기계를 흉내 내서 웬만한 일을 전부 처리할 수 있는 보편 튜링 기계까지 떠올렸다. 이러한 아이디어는 이후 폰 노이만John von Neumann에 의해 개선되어 지금의 컴퓨터가 탄생하게 되었다.

앨런 튜링은 체스에도 관심이 많았는데, 초기 컴퓨터가 등장하기도 전에 이미 초보적인 수준의 인공지능 프로그램을 만들었다. 물론 프로그램을 돌릴 수 있는 제대로 된 컴퓨터가 없었기 때문에 실행에는 어려움이 있었다. 튜링은 자신이 체스를 두는 과정에서 프로그램의 핵심이 되는 알고리즘을 따라 다음 수를 계산하며 대국을 진행했는데, 한 수를 두는 데만 30분이나 걸리면서도 실제 동료와의 대결에서 패배하기도 했다. 시간이 흘러 IBM의 체스 인공지능 딥 블루Deep Blue가 완성되어 세계 체스 챔피언에게 승리한 사례를 보면 그저 놀라울 따름이다.

제2차 세계대전을 승리로 이끈 계산 기계

괴짜 같은 행동을 자주 하는 특이한 성격에 수줍음도 많았지만, 튜링은 말을 굉장히 잘하고 유머 감각이 넘치는 연구자였기에 동료들과의 관계도 좋았다. 특히 애국심이 넘쳤는데, 조국이 어려움에 부딪히자 좋은 제안들을 모두 거절하고 영국으로 돌아왔다. 1939년 제2차 세계대전이 발발하자, 영국의 정보통신본부로 가서 독일군의 암호를 해독하기 위해 힘쓴 것이다.

이전의 긴박했던 상황으로 잠시 돌아가 보면, 지금과 마찬가지로 당시에도 전쟁의 승패는 정보에 달려 있었다. 이미 제1차 세계대전에서 독일군은 중요한 정보를 주고받는 과정에서 다양한 암호화 방법을 사용했다. 하지만 독일 정부는 윈스턴 처칠의 제1차 세계대전 회고록을 읽고 자신들의 암호가 전쟁 중에 해독되었다는 사실을 인지하고 큰 충격에 휩싸였고, 어떻게 해야 완벽한 통신 보안을 이룰 수 있을지 고민하기 시작했다.

당시 아르투르 세르비우스Arthur Scherbius라는 공학자가 회전판을 적용해 에니그마Enigma라는 암호장치를 발명했는데, 독일 정부는 상업용에 복잡한 기능이 추가된 군사용 에니그마를 적극적으로 도입했다. 타자기처럼 생긴 에니그마의 기본 원리는 한 글자를 입력할 때마다 여러 개의 회전판이 돌면서 그것과 전혀 무관한 암호문을 만들어 내는 것인데, 정보를 보내는 사람과 받는 사람이 회전판의 시작 위치나 배치 순서, 전선 연결 방법 등 일종의 암호 열쇠를 서로 알고 똑같이 맞추면 의미 있는 문장이 나타난다. 암호 열쇠만 노출되지 않는다면, 에니그마의 원리를 알고 있는 상태에서도 암호문을 해독하는 것이 거의 불가능하다는 뜻이다.

독일과 영토 문제로 미묘한 신경전을 벌이던 폴란드는 수학자들을 모아 에니그마를 해독하는 데 성공했고, 몇 시간 안에 암호문으로 암호 열쇠를 찾는 방법을 알아냈다. 하지만 폴란드를 침공하기 몇 개월 전, 독일은 이전 암호 체계의 결함을 보완해서 에니그마를 개량했다. 배전반 전선의 개수와 회전판을 늘려, 암호 열쇠가 되는 경우의 수를 무지막지하게 늘려버린 것이다. 암호문이 있어도 해독에 필요한 물리적 시간이 엄청나게 길어지자, 암호 해독은 완전히 새로운 국면으로 접어들었다. 천재 수학자인 앨런 튜링의 진정한 가치가 발현될 순간이 찾아온 것이다.

제2차 세계대전의 시작과 동시에, 영국은 전쟁 중 암호 해독을 담당하는 기관을 설립했다. 하지만 독일군의 새로운 에니그마는 결코 만만하지 않았다. 암호 해독에 걸리는 시간이 늘어난 상황에서 암호 열쇠는 24시간마다 변경되었고, 하루 만에 해독하지 못하면 모든 과정을 다시 처음부터 시작해야만 했다. 튜링은 암호 열쇠에 의존하지 않고 에니그마를 해독할 방법이 없을까 계속 고민했고, 마침내 암호문 자체의 특정한 관련성을 찾아내 암호문을 해독할 수 있는 기계장치를 설계했다. 일종의 거대한 계산기였다.

초반에는 작동 속도가 예상보다 느려서 해독을 위한 준

비 기간만 일주일이 걸렸지만, 보다 개선된 기계장치로는 1시간 안에 에니그마로 만들어진 암호문을 해독할 수 있었다. 결국 앨런 튜링은 24시간마다 바뀌는 해독 불가능한 암호를 풀어내 조국을 지켜냈고, 무려 1,400만 명의 목숨을 구했다. 전쟁과 무관해 보이기만 했던 한 수학자의 피나는 노력이, 연합군에게 소중한 승리를 선사한 것이다. 전쟁이 끝난 후에도 튜링의 암호 해독 시스템은 한동안 완벽히 기밀로 유지되었지만, 튜링의 업적이 세상에 알려지고 나서는 현대 컴퓨터과학의 시초로 자리를 잡았다.

결정 가능하지 않은 어느 수학자의 삶

1999년, 세계 최대 규모의 주간지로 꼽히는 《타임Time》은 '20세기에 가장 영향력 있는 100인' 가운데 한 명으로 앨런 튜링을 선정했다. 2012년에는 권위 있는 학술지 《네이처 Nature》에서 튜링의 탄생 100주년을 기념하며 그의 생애와 업적들을 모아 특집 기사로 실었고, 2014년에는 독일군의 암호인 에니그마를 해독하는 과정이 〈이미테이션 게임The Imitation Game〉이라는 영화로 개봉되기도 했다. 이 영화의 제목은 1950년에 쓰인 튜링의 논문에 등장하는 용어로, 인공지능의 개념을 설명하기 위해 도입된 '튜링 테스트Turing test'와 비슷한 의미다. 기계가 과연 생각할 수 있는지를 확인하기 위한 일종의 인공지능 판별 테스트인데, 생각한다는 기준을 수학적으로 정의하기 위한 최초의 시도라고 볼수 있다.

20세기 초에 가장 위대한 수학자 가운데 한 사람으로 손꼽히는 독일 수학자 다비트 힐베르트David Hilbert는 '결정 가능성 문제decision problem'를 세상에 던졌다. 쉽게 말해, 임의의 어떠한 명제라도 그 명제가 참인지 거짓인지 판별하는 방법이 무조건 존재하는지를 묻는 문제였는데, 수학자들은 인류가 아직 완벽하게 발견하지 못했을 뿐이지 그런 방법이 당연히 있을 것이라고 기대하고 있었다. 하지만 앨런 튜링은 모두의 예상을 뒤엎고 그러한 판별 방법이 존재하지 않는다는 것을 증명했다.

그 증명 과정에서 튜링이 도입한 것이 바로 지금까지 계속 이야기한 튜링 기계다. 그는 알고리즘으로 표현이 가능한 문제라면, 명제에 대한 판별 방법을 알고리즘으로 분명히 정의해 이를 튜링 기계로 구현하는 것이 가능하다는 것을 보여주었다. 지금 우리가 사용하는 컴퓨터 역시 알고리즘으로 구현된 복잡한 튜링 기계라고 볼 수 있으며, 인간의 사고 과정마저 비슷하게 수행할 수 있다. 심지어 끔찍할 정도로 복잡한 계산을 더 많은 회로와 전력을 사용해 그 어떤 수학자보다도 빠르게 해낸다. 컴퓨터는 이제 우리 삶에서 떼려야 뗄 수 없는 존재가 되어버렸는데, 당장 책상 위의 컴퓨터를 차치하더라도 생각하는 기계가 포함되지 않은 전자기기를 찾는 일조차 굉장히 어려워졌기 때문이다.

튜링의 삶은 아주 짧았지만, 한평생 여러 업적을 남겼다. 겉으로는 불규칙해 보이는 생명현상을 수학적으로 설명하는 일에도 관심이 많았다. 현대에는 이러한 분야를 '수리 생물학mathematical biology'이라고 부른다. 튜링은 표범의 점무늬나 얼룩말의 줄무늬를 관찰하며 동물마다 다른 무늬를 가지는 이유에 대해 호기심을 느꼈고, 무늬를 형성하는 성분과 억제하는 성분의 상호작용을 간단한 방정식으로 정리했다. 생물학적인 진화의 메커니즘을 자신만의 독창적인 수학적 방식으로 기술하고자 시도한 것이다.

이처럼 창의적이고 재능이 뛰어났던 수학자였음에도, 본래 갖고 있던 성적 지향에 대한 세상의 억압만큼은 감당하지 못했다. 흉악 범죄와 유사한 취급을 받던 동성애 혐의로 체포되어, 화학적 거세라는 치욕을 받은 지 2년 만에 세상을 떠난 것이다. (고작 41세의 젊은 나이로 자살했다고 알려져 있으나, 명확한 근거가 있는 건 아니다.) 영국 정부는 튜링에 대한 처우가 잘못된 결정이었다는 것을 인정했고, 그의 죽음 이후 59년 만에 동성애 죄를 사면했다.

이제 그의 업적은 '컴퓨터과학의 노벨상'이라 불리는 튜링상Turing Award이 제정될 정도로 인정받고 있으며, 수많은 건축물과 기업에 앨런 튜링의 흔적이 남게 되었다. "우리는 단지 아주 가까운 곳까지만 볼 수 있을 뿐이지만,

그 안에서도 우리가 해야 할 일을 충분히 많이 찾을 수 있다"라고 말하던 앨런 튜링이말로, 아주 짧은 시간 동안 보이는 모든 곳에서 스스로 할 수 있는 일을 찾아 모두 해내고야 만 수학자가 아닌가 싶다. 그의 정신 역시 누군가가 함부로 판별할 수 없는 명제처럼 복잡하지만 결코 멈추지 않고 영원히 이어질 것이다.

현실이 되어버린 공상,
양자컴퓨터

1만 년의 사랑도 찰나처럼 지나가는 양자컴퓨터

홍콩의 영화배우 주성치가 출연한 명작 중에 〈서유기Jour-ney to the West〉라는 작품이 있다. 극 중 주성치의 대사에 이런 부분이 있다. "진정한 사랑이 눈앞에 나타났을 때, 나는 이를 소중히 여기지 않았지. 만약 하늘에서 다시 기회를 준다면, 사랑한다 말하겠소. 기한을 정하라고 한다면, 1만 년으로 하겠소." 사랑의 기한을 무려 1만 년으로 설정하면서, 진심을 담은 고백을 전하는 상황이다. 하지만 양자컴퓨터가 등장하면서 1만 년의 시간이 우스워지고 있다. 당대 내로라하는 슈퍼컴퓨터가 최소 1만 년 이상 걸리는 계산을 단 200초 만에 풀어냈기 때문이다.

롤러코스터를 처음 타고 너무 빨라 정신을 차릴 수 없다고 느끼다가도 얼마 지나지 않아 더 짜릿한 놀이기구를 찾는 것처럼, 더욱더 빠른 속도를 원하는 인간의 욕망에는 끝이 없다. 컴퓨터도 마찬가지다. 수십 년 전과 비교해 보면 지금 책상 위에 놓인 컴퓨터의 속도는 경이로운 수준이지만, 부품이 노후화되면서 컴퓨터가 멈추거나 느려지는 속도에 속상할 때도 많다. 물론 속도를 개선하는 여러 가지 방법이 있겠지만, 데스크톱이나 노트북 같은 상용 컴퓨터로는 근본적으로 넘을 수 없는 속도가 존재한다.

특히, 계산할 거리가 쌓여만 가던 과학자들은 고민이 많았다. 처리 속도가 너무 느리다 보니 연구를 빠르게 진척시킬 방법이 필요했고, 그래서 나온 것이 바로 슈퍼컴퓨터다. 컴퓨터의 성능은 플롭스FLOPS, floating point operations per second라는 단위를 사용해 나타내는데, 이는 1초 동안 수행할 수 있는 부동소수점 연산 횟수를 말한다. 컴퓨터는 모든 언어를 0과 1, 두 가지로만 이해하는 2진법을 사용하기 때문에, 우리가 쓰는 10진법의 모든 숫자를 단 두 가지의 숫자로만 표현해야 한다. 하지만 변환하는 과정에서 무한하게 순환하는 수가 되어버리는 경우가 있기 때문에, 이것을 근사하는 과정에서 소수점의 위치를 고정하지 않고 그 위치를 나타내는 수를 따로 적게 된다. 이렇게 하면 컴퓨터가 10진법을 이해하기가 편해지며, 이걸 빨리해야 컴퓨터가 버벅거리지 않게 된다.

2018년에 IBM에서 개발한 서밋Summit은 무려 143페타플롭스의 성능을 갖고 있는데, 1페타플롭스가 초당 1,000조 번 연산이 가능하다는 뜻이라, 가정용 컴퓨터에 비하면 대충 1억 5,000배 정도 빠르다. 엄청난 속도다. 그럼 이렇게 빠른 슈퍼컴퓨터의 원리는 무엇일까? 그 전에 일반적인 컴퓨터에 대해 먼저 이야기해 보자.

컴퓨터와 슈퍼컴퓨터

앞서 말했듯이, 컴퓨터는 2진법을 사용한다. 작업 도중에 발생할 수 있는 에러를 최소화하기 위해서다. 음식점을 한 번 예로 들어보자. 메뉴가 10개 이상인 분식집은 주문이 잘 못 들어가는 경우가 꽤 있다. 하지만 메뉴가 하나뿐인 식당이라면, 주문하거나 하지 않은 경우만 고려하기 때문에 실수가 거의 없다. 컴퓨터도 우리가 쓰는 10진법을 쓰면 편할 텐데, 굳이 2진법을 쓰는 이유가 여기에 있다. 10진법이라면 전기신호를 10단계로 나누어서 각각의 숫자에 대응하는 전압을 주어야겠지만, 2진법이라면 들어오는 모든 명령을 전압이 있거나 없거나 단 두 가지로 처리할 수 있어서 오류로부터 훨씬 안전하다.

주어진 모든 상황을 0과 1, 단 두 가지의 경우로 구분해 이해하고, 각각을 계산해 최적의 결과를 찾아내는 것이 바로 컴퓨터가 하는 일이다. 그리고 이때 사용되는 정보의 단위를 '비트bit'라고 한다. 비트는 각각의 경우에서 0과 1, 둘 중 하나를 표현한다. 하지만 상황이 복잡해질수록 처리해야 할 계산이 늘어났고, 대규모 연산을 기존보다 훨씬 빠르게 해야 할 필요성이 대두되기 시작했다. 그래서 슈퍼컴퓨터가 나타난 것이다.

처음에는 인간의 뇌에 해당하는 중앙처리장치CPU 속도를 높여보았다. 하지만 기술적인 한계에 부딪혔고, 한 명의 천재보다 집단지성이 낮지 않을까 하는 기대로 CPU 여러 개를 병렬로 연결하기 시작했다. 문제를 여러 명이 동시에 나누어 계산하고 나중에 합치는 방식이었다. 속도는 빨라졌지만 과도하게 사용되는 전기와 엄청난 발열이 문제가 되었고, CPU가 늘어나다 보니 나누어 계산한 결과를 검산하는 시간도 점점 길어졌다.

더 빨라질 수 있는 다른 방법은 없을까? 이걸 고민하다가, 근본적인 질문으로 돌아갔던 과학자가 있었다. 바로 영국의 이론물리학자 데이비드 도이치David Deutsch였다. 그는 생각했다. '우리는 지금 과연 컴퓨터를 제대로 만들고 있는 걸까? 지금의 컴퓨터는 0과 1로 계산하고 있지만, 양자역학적으로 보면 정보의 상태는 0과 1, 오직 두 가지만 존재하는 것이 아니다. 0이면서도 동시에 1인 중첩 상태superposition도 고려해야 하지 않을까?' 이렇게 양자컴퓨터의 기본 단위인 큐비트qubit, quantum bit가 탄생했다.

양자역학의 원리로 만들어진 새로운 컴퓨터

양자역학적으로 정보는 관측하기 전까지 0이면서도 1인 중첩 상태를 갖는다. 정보의 중첩이 도대체 속도와 무슨 관계가 있을까? 목적지에 도착하는 가장 빠른 길을 찾고 싶

과연 우리는 지금 컴퓨터를 제대로 만들고 있는
걸까? 지금의 컴퓨터는 0과 1로 계산하고 있지만,
양자역학적으로 보면 정보의 상태는 0과 1, 오직 두
가지만 존재하는 것이 아니다. 0이면서도 동시에
1인 중첩 상태도 고려해야 하지 않을까? 이렇게
양자컴퓨터의 기본 단위인 큐비트가 탄생했다.

어서 각각의 경로마다 걸리는 시간을 계산해야 한다고 가정하자. 만약 도달 방법이 열 가지라면, 가장 빠른 길을 찾기 위해서는 반드시 10개의 경로를 하나씩 계산해 봐야 한다. 열 번의 계산이 끝난 후에야 비트에 저장된 각각의 결과를 비교해, 비로소 가장 빠른 길이 일곱 번째 경로였다는 것을 알 수가 있다. 이것이 기존 컴퓨터의 방식이다.

이번엔 양자컴퓨터를 사용해 보자. 정보가 중첩되어 있어서, 열 가지 경로 역시 모두 중첩되어 있다. 계산을 시작하면 아직 결과가 관측되지 않은 10개의 상태가 동시에 출발한다. 그리고 가장 먼저 목적지에 도달한 일곱 번째 경로가 관측되는 순간, 큐비트의 결과가 결정된다. 한 번의 계산으로 끝나는 것이다. 물론 이해를 돕기 위한 예시일 뿐이며, 실제로는 양자컴퓨터가 기존 컴퓨터와 작동 방식이 달라서 이런 상황을 연산하기는 매우 어렵다.

중첩된 큐비트의 숫자가 적다면, 많은 계산을 한 번에 해내는 것은 불가능하다. 하지만 큐비트가 꽤나 많이 중첩되어 있다면, 복잡한 상태를 동시에 계산할 수 있고 연산이 훨씬 간단해진다. 영화 〈어벤져스Avengers〉의 닥터 스트레인지가 양자컴퓨터를 사용할 수 있었다면, 굳이 1,400만 605개의 미래를 하나씩 보고 올 필요가 없었을지도 모른다. 중첩된 모든 미래들 가운데 팀이 승리하는 단 하나의 미래를 한 번에 계산할 수 있었을 테니까 말이다.

큐비트는 모든 것이 확률적으로 존재한다는 양자역학의 특성을 반영해 만들어졌다. 양자컴퓨터도 기존 컴퓨터처럼 두 자리 수의 상태라면 2개의 큐비트가 필요하다. 하지만 단순히 개수만큼 정보가 저장되는 것이 아니라 4개의 상태가 나올 수 있는 각각의 확률 정보가 저장되기 때문에 저장된 정보는 4개가 된다. 큐비트가 3개라면 8개, 10개라면 무려 1,024개의 정보가 들어 있다는 말이다. 한 번에 처리하는 정보량이 기존 컴퓨터의 100배가 넘는다.

하지만 작동 원리가 달라서 이렇게 비교하는 건 정확하지 않다. 연산 횟수가 적고 한꺼번에 많은 정보를 처리할 수 있다고 해서 무조건 빠르다고 볼 수도 없다. 양자컴퓨터가 연산을 한 번 하는데 걸리는 시간이 기존 컴퓨터보다 훨씬 길다면, 오히려 쓸모가 없다. 찢어버릴 종이 100장이 있고 종이를 자를 수 있는 칼이 있어도, 칼이 종이 한 장을 쓰는 데 1시간이 걸린다면 차라리 손으로 한 장씩 찢는 게 더 빠를 거라는 뜻이다.

1994년, 미국의 컴퓨터과학자 피터 쇼어Peter W. Shor는 소인수분해를 하다가 생각에 잠겼다. 분해할 수가 매우 크다면, 양자컴퓨터가 기존 컴퓨터보다 훨씬 뛰어난 성능을 보이지 않을까? 찢어버릴 종이가 1억 장이라면, 1시간 걸리는 칼을 쓰는 게 낫다는 것이다. 막대한 계산이 필요한 물리학이나 수학은 월등한 계산 속도가 필요하다. 특히 암호 분야는 소수의 곱으로 만들어진 큰 수를 다시 분해하기 어렵다는 원리를 이용하기 때문에, 소인수분해 속도가 빨라지면 기존 보안 체계가 무력화될 가능성도 있었다.

하지만 쉽진 않았다. 우선 큐비트를 조작하려면 입자 수준의 정밀한 제어가 필요하며, 일정 시간 동안 서로 잘 맞아서(결맞음quantum coherence) 중첩된 상태로 전부 얽혀 있어야 하는데, 큐비트의 수가 늘어나거나 온도가 올라가면 주변과 상호작용 하는 관측이 일어나 서로 어긋나며(결어긋남quantum decoherence) 붕괴해 버린다. 결과가 나오기도 전에 연산이 엉망이 되어버리는 것이다.

양자 우위를 넘어 양자 간 협업으로

양자컴퓨터가 기존 컴퓨터의 성능을 뛰어넘었다는 것이 입증된 상태를 '양자 우위quantum supremacy'라고 한다. 이를 달성하기 위해서는 적어도 50여 개의 큐비트가 필요한데, 현실적으로 단 몇 개의 큐비트를 결맞음 상태로 유지하는 것조차도 쉬운 일이 아니었다. 기업들은 미디어나 시연회를 통해 양자컴퓨터를 개발했다고 계속 주장했지만, 구체적인 원리를 제대로 설명한 곳은 없었다. 과학자들은 회의주의에 빠졌다.

그러다가 2019년 10월 23일, 세계에서 가장 저명한 학술지인 영국의 《네이처》에 한 편의 논문이 올라왔다. 바로 구글이 초전도소자를 이용해 개발한 53개 큐비트의 양자 컴퓨터, 시카모어Sycamore에 대한 것이었다. 시카모어는 현존하는 최고 성능의 슈퍼컴퓨터로도 최소 1만 년 이상 걸리는 연산을 단 200초 만에 풀어냈는데, 심지어 이 결과는 보도 자료가 아닌 논문을 통해 발표되었다. 치밀한 검증 과정을 통과했다는 뜻이다. 마케팅 목적이나 시장경쟁에서 우위를 점하기 위한 것이 아니라 실제 양자 우위에 도달했다고 볼 수 있겠다.

양자 중첩은 만들기도 어렵고 유지하기도 힘들어서 양자컴퓨터는 불가능하다는 과학자도 있다. 맞는 말이다. 양자역학의 세계에서 일어나는 일을 우리 뜻대로 다루는 건 쉽지 않다. 하지만 구글은 드디어 양자역학의 논리로 돌아가는 인공적인 양자계를 만드는 데 성공했다. 아주 복잡하고 의미 없는 계산을 해낸 것일지도 모른다. 그렇지만 고전적인 컴퓨터로 할 수 없는 걸 해냈다. 이걸 아무 의미가 없다고 할 수 있을까.

일반적인 상황에서는 기존의 컴퓨터가 훨씬 효율적이기 때문에, 아마 양자컴퓨터 때문에 일반적인 컴퓨터가 사라지지는 않을 것이다. 라면을 끓여 먹고 나서 냄비 하나를 설거지하려고 굳이 식기세척기를 사용하지 않는 것처럼 말이다. 따라서 양자 우위도 중요하지만, 양자 간 협업이 매우 중요하다. 집에서 사용하는 가정용 컴퓨터에 도달할 때까지 큐비트가 결맞음 상태를 유지할 수 있거나 전혀 새로운 방식으로 연결될 수 있다면, 미래에는 온라인으로 주요 연산 과정만 중앙의 양자컴퓨터를 이용하는 양자 클라우드 서비스를 사용하게 될지도 모른다.

무려 805번이나 실패를 했고, 첫 비행에서 고작 12초를 날았던 두 형제가 있었다. 라이트Wright 형제와 그들의 비행기 라이트 플라이어에 대한 이야기다. 하지만 지금 비행기는 10시간 넘게 태평양을 가로지른다. 유지할 수 있는 시간이 당장은 짧을지 몰라도, 영원히 짧은 채로 남아 있으라는 법은 없다. 우리는 그렇게 공상과학을 통해 발전해 왔고, 앞으로도 그렇게 한 걸음씩 나아가리라.

2부

당신 인생의 이야기

어릴 적 지루했던 시간은
다 어디로 갔을까

시간은 누구에게나 동일하게 흐를까

기회는 평등하고 과정은 공정하며 결과는 정의로운 것이 정말 있다면, 바로 시간일 것이다. 물론 허투루 사용하다가 는 혹독한 결과가 나오기도 하지만, 시간이야말로 '안 돼, 안 바꿔줘, 바꿀 생각 없어, 빨리 돌아가'라고 외치는, 가장 올바른 재판관이 아닐까 싶다. 낭비한 시간이 억울해 아무 리 사정해 봐도, 흘러가는 시간에게 정상참작은 없으니까.

세월은 누구에게나 공평하게 주어진 자본금이라는 말 도 있다. 게임 〈스타크래프트Starcraft〉에서 모아둔 미네랄 대신 베스핀 가스를 사용할 수 없듯이, 시간은 다른 어떤 자원으로도 대체가 불가능하다. 그리고 원하든 원하지 않 든 태어나서 죽는 날까지 멈추지 않고 소비한다. 가족과 친 구들이 함께 나이를 먹어가듯이, 모두의 시간은 거의 동일 하게 서서히 흘러가는 것이다. 그런데 정말 그럴까?

시간이 흐르는 속도가 동일한지를 확인하기 전에, 먼 저 시간이 무엇인지를 알아보자. 예를 들어, 친구와 오늘 저녁 7시에 카페 2층 테라스에서 만나자고 약속했다고 해

보자. 여기서 '저녁 7시'라는 건 도대체 어떤 의미를 갖고 있을까? 오후 2시2PM나 새벽 2시2AM는 한국의 보이 그룹으로 정의가 가능하지만, 그 외의 시간은 정의하는 것 자체가 매우 어렵다. 저녁 7시는 해가 질 무렵, 또는 시계의 시침이 7에 위치하고 분침은 0에 위치한 상태라고 우기는 것이 최선이다.

카페 2층 테라스에서 친구를 만나기 위해서는, 정확한 위치를 3차원적으로 이해할 수 있어야 한다. 동서남북 방향에 따라 카페에 도착하면, 일단 2차원 평면까지는 성공이다. 이제 2층까지 올라간다면, 정확하게 3차원상 목적지에 도달한 셈이다. 문제는 그다음이다. 도착한 시간이 오늘 오후 5시라면 친구는 아마 그 자리에 없을 것이다. 시간 차원이 맞지 않기 때문이다. 심지어 내일 아침 9시에 도착한다면, 친구가 실망하며 이미 집으로 돌아간 탓에 약속은 결코 지켜질 수 없을 것이다. 공간 차원인 카페의 위치나 층수를 헷갈렸다면 다시 방향을 바꿔 올바른 위치를 찾을 수 있지만, 시간 차원에서는 어떤 순간을 지나갔다면 결코 되돌릴 수 없기 때문이다. 시간이란 일종의 차원이며, 역주행이 불가능한 특이한 녀석이다. 그렇기에 우리가 속한 이 세계는 3차원의 공간과 1차원의 시간이 결합된 4차원의 시공간이라고 볼 수 있다.

그럼 시간의 속도는 어떨까? 사실 이 문제에 가장 관심이 많았던 과학자가 바로 아인슈타인이다. 시간이 흐르는 속도는 정말 절대적일까? 세상에 과연 절대적인 것이 있을까? 여기서 시작된 그의 질문이 상대성이론을 탄생시켰다. 상대성이론을 설명하는 것은 굉장한 일이라 여기서 모두 다룰 수는 없지만, 이해를 돕기 위해 시간의 관점에서 매우 단순한 설명을 곁들여 보자. 특수 상대성이론은 빠르게 움직이는 물체의 시간이 느려진다는 것이며, 일반 상대성이론은 중력의 크기에 따라 시간의 속도가 달라진다는 것이다. 오해하지 말자. 상대성이론이 바닷물이라면, 이 설명은 염전에서 생산된 소금을 몇 톨 넣어서 만든 찌개를 한 숟가락 떠먹은 수준이다. (이 한 숟가락으로는 너무 배고파 모자란 분들은 4부 「시간을 달리는 소녀는 세상을 어떻게 볼까?」를 보라.)

어쨌든 시간은 상대적이다. 관찰자의 기준으로 빠르게 날아가는 로켓 안의 시간은 관찰자의 시간보다 느리게 흐르며, 지구에서 멀리 떨어져 있는 사람의 시간은 지구 표면에 붙어 있는 사람보다 빠르게 흐른다. 거짓말 같지만 사실이다. 실제로 높은 곳에서 지구 주위를 빠르게 도는 인공위성의 경우, 특수 상대성이론과 일반 상대성이론에 의한 시간의 오차를 보정하고 있다. 물론 이런 경우가 일반적이라는 말은 아니다. 초고층 전망대의 시간은 지상보다 빨리 가긴 하지만, 그래봐야 10억분의 1초가 될까 말까다. 상대론

시간은 상대적이다. 관찰자의 기준으로 빠르게
날아가는 로켓 안의 시간은 관찰자의 시간보다
느리게 흐르며, 지구에서 멀리 떨어져 있는 사람의
시간은 지구 표면에 붙어 있는 사람보다 빠르게
흐른다. 거짓말 같지만 사실이다.

적 시간 보정을 하지 않아서 중요한 약속에 수십 억분의 몇 초를 지각하는 것도 의리상 허용해 준다. (친구가 다른 행성의 외계인이 아닌 이상, 이런 문제를 신경 쓸 가능성은 매우 낮다.) 즉, 매우 특수한 경우를 제외하고는 모두의 시간이 거의 동일하게 흐른다고 봐도 좋겠다. 시간은 동일하게 흐른다.

시간은 정말 흐르고 있을까

첫눈에 반할 만한 이상형을 만났을 때 마치 시간이 멈춘 것처럼 느껴지는 경우도 있겠지만, 당연히 시간이 멈췄을 리는 없다. 누구나 시간은 멈출 수 없다는 것을 상식적으로 알고 있기 때문에, 시간이 정말 흐르고 있는지에 대한 궁금증을 갖기는 어렵다. 해가 뜨고 지며, 따뜻한 공깃밥은 점점 차가워지고, 꺼내놓은 생선은 부패하며, 빨래는 점차 마른다. 깨져 있던 유리컵이 다시 모아져 말끔한 상태로 되돌아가는 영상을 본다면, 우리는 영상을 거꾸로 재생했다고 확신하며 영상의 상황이 어색하다고 느낀다. 상황을 보여주고 시간순으로 배열하는 문제가 시험에 자주 출제되는 것도 기억하자. 확률적으로 일어날 가능성이 높은 방향은 명백하다. 그리고 이것이 바로 우리가 알고 있는 시간의 방향이다.

그럼 시간은 왜 흐를까? 정말 흐르고 있기는 할까? 연인과 헤어졌다는 사실을 확실히 안다고 해서, 도대체 왜 이별 통보를 받았는지를 깨달았다고 볼 수는 없다. 시간의 방향과 흐르고 있다는 사실을 눈치채도, 왜 흐르는지를 알 수는 없다. 그럼에도 불구하고 물리학자가 대답할 수 있는 한 가지 방법은 엔트로피entropy다.

엔트로피는 쉽게 말해 무질서한 정도를 뜻한다. 방 안이 깨끗하다면 엔트로피는 낮다. 하지만 방을 어지럽혀 난리가 난 상태라면 엔트로피가 높다. 방 정리를 하지 않고 그대로 두면 어떻게 될까? 팔을 걷어붙이고 대청소를 하지 않는 한, 엔트로피는 점점 높아질 것이다. 이게 자연스러운 방향이며, 엔트로피는 언제나 낮은 쪽에서 높은 쪽으로 흐른다. 그리고 과학자들은 이 방향을 시간이 흐르는 방향이라고 이해한다. 낮은 엔트로피를 갖는 상태가 언제나 시간적으로 먼저다. 그리고 어떻게든 이 세계는 엔트로피가 높아지는 상태로 향할 것이고, 결과적으로 시간이 서서히 흘러간다. 엔트로피 때문에 시간이 흐른다고 말하기는 어렵지만, 엔트로피를 통해 시간의 방향과 흐름을 정의할 수 있다. 시간이라는 모호한 개념을 정량적인 무언가를 놓고 비교할 수 있게 되었다는 말이다.

그럼 방이 극도로 지저분해지면 더 이상 엔트로피가 증가하지 않는 순간이 오지 않을까? 그때가 되면 시간이 흐르지 않는다고 볼 수 있을까? 그럴지도 모른다. 하지만 우리가 살고 있는 우주의 엔트로피는 아직 매우 낮은 편이다. 빅뱅이라는 대폭발이 시공간을 만들어 내면서 우주를 굉장히 잘 정리해 둔 덕분에, 아직까지 우주는 시간이 아주 잘 흐르는 상태에 있다. 광활한 이곳은 빈 공간이 너무나 많고, 물질과 에너지는 어딘가에 예쁘게 모여 있다. 그래서 끊임없이 열이 흐르며, 물체는 부서지며, 물질은 이동한다.

시간의 속도를 다르게 느끼는 이유

미녀와 함께 있으면 1시간이 1분처럼 느껴지지만, 뜨거운 난로 위에서는 1분이 1시간보다 길게 느껴진다. 아인슈타인이 상대성이론을 설명하기 위해 즉흥적으로 대답한 이러한 비유는 아이러니하게도 물리학보다는 뇌과학과 관련 있다. 이미 말했듯이 시간은 누구에게나 거의 동일하게 흐른다. 난로 근처에 블랙홀처럼 막대한 중력을 가진 천체가 있거나 난로를 로켓 속에 넣어둔 것이 아니라면 시간의 흐름에 큰 차이가 없다는 말이다. 하지만 재미있는 건, 실제 시간의 속도가 달라지지 않아도 우리가 시간의 속도를 다르게 느끼는 경우가 정말로 존재한다. 물론 이렇게 느껴진다는 것 자체도 현실이며, 과학적으로 분명하게 증명된 사례다.

어릴 적에 자려고 누우면 잠은 안 오고 시간이 느리게 가서 지루했던 기억이 생생하다. 하루의 길이도 꽤 길었던 것 같고, 매년 빨리 어른이 되고 싶다고 갈망하며 그 방법을 찾곤 했다. 그런데 지금은 하루가 너무 짧다. 어느새 1년이 다 흘러가 버리고, 내년에도 비슷한 기분을 느낄 것이다. 나는 무엇을 하며 한 해를 보냈을까. 이렇게 대충 살아도 될까. 아쉬워하며 생각한다. 왜 나이가 들수록 시간은 더 야속하게 흘러가는 걸까?

미국의 신경학자 피터 망간Peter Mangan 박사는 청년, 중년, 노년으로 세 가지 그룹을 만들어 각자 마음속으로 3분을 세게 한 뒤 실제 흘러간 시간과 비교하는 실험을 했다. 결과는 놀라웠다. 청년 참가자 대부분은 정확한 시간 길이를 맞혔지만, 60대 이상의 참가자들은 대부분 더 긴 시간을 3분으로 느꼈다. 체감 시간이 더 빠르게 흘렀다는 것이다. 왜 그럴까?

입학식 때는 등굣길이 정말 멀게 느껴졌지만, 반복적으로 학교에 가보면 걸리는 시간이 점점 더 짧게 느껴진다. 젊을 때는 새로운 학습이나 보상 과정에서 도파민이라는 신경전달물질이 분비된다. 쉽게 말해서 외부 자극을 해석하기 위해 머리를 굴리는 것인데, 많은 생각들이 정신 없이 생겨나니 상대적으로 외부의 시간이 느리게 흐르는 것처럼 느끼는 것이다. 하지만 나이가 들면 도파민의 분비가 줄어들고 반복된 일상 속에서 특별한 자극도 점점 줄어들어, 예전처럼 뇌는 세상을 새롭게 느끼지 못하고 별다른 보상도 받지 못한 채로 하루하루 비슷하게 살아간다. 인지하는 세월은 그렇게 빨라진다.

우리가 사는 세계의 시간은 보통 일정하게 흘러간다. 하지만 그뿐이다. 스위스 장인의 명품 시계처럼 시간이 얼마나 정교하게 흘러가는지는 중요하지 않다. 그보다는 어떻게 하면 흘러가는 이 시간 위에서, 주어진 시간이 끝나기 전까지 곳곳에 숨겨진 경이로움을 더 많이 찾아낼 수 있을지가 관건이다. 늘 신선한 자극을 주는 과학도 좋고, 철학이나 예술이어도 문제없다. 아니면 당장 내일 아침 출근길부터 처음 가보는 경로로 이동해 보면 어떨까? 손바닥만 한 화면에 얼굴을 묻는 대신 호기심 가득한 표정으로 주변을 관찰해 보면, 아마 첫 출근길만큼 길게 느껴지는 여정을 만날 수 있을 것이다.

더 많은 경험을 하고, 늘 새로운 생각을 해보자. 낯선 기억이 시냅스에 저장되는 과정에서 도파민이 대량 분비되기에, 시간은 점점 느려질 것이며 하루를 이틀처럼 보내게 될 것이다. 그러다 보면 남들의 100세 인생보다 긴, 200세 인생을 살게 될지도 모른다. 아쉬울 것도 많은 이 세상에서, 모두가 알차고 넘치는 경험으로 지겨울 만큼 느린 시간을 보내길 간절히 소망한다.

| 기억 |

세상에서 가장 슬픈 시간 여행

시간을 돌리다가 늙어버린 딸의 이야기

로맨스 판타지 드라마 〈눈이 부시게〉의 주인공 김혜자는 시간을 돌리는 능력자다. 현실적으로 가능한 이야기는 아니지만, 이런 종류의 초능력을 가진 히어로는 가상 세계 안에서도 누구나 부러워할 만한 최상급 사기 캐릭터로 추앙받는다. 하지만 이 작품에서는 놀랍게도 전혀 다른 방식으로 이야기를 풀어나간다. 돌리는 시간만큼 자신은 남들보다 더 많은 시간을 살아낼 수밖에 없으니 상대적으로 혼자서 나이를 빠르게 먹는 것이다. 심지어 아버지의 사고를 막기 위해 수천 번이나 시간을 되돌리고 아버지를 구해내지만, 본인은 할머니가 되어버린다. 얼마나 기구한 운명인가. 여기까지만 읽고 이 드라마를 꽤나 참신하게 풀어낸 시간 여행물 정도로 이해한 사람이 있다면, 아직 늦지 않았으니 멈추길 바란다. 상상도 하지 못한 반전에 큰 충격을 받을 수도 있으니 말이다.

사실 김혜자는 아무런 능력이 없는 평범한 노인이며, 자신을 젊은 아가씨로 착각할 만큼 심각한 알츠하이머병을 잃고 있다. 시간 여행으로 인해 늙어버린 딸이 아니라, 어린 시절보다 인지능력이 떨어져 버린 어머니였던 것이다. 언제나 나를 위해 모진 풍파에 맞서 싸우던 어머니가 이제는 내가 누군지도 알아보지 못한다면 얼마나 슬플까. 그저 스쳐 가는 동화 속 이야기라면 참 좋겠지만, 현실은 그렇게 녹록지 않다. 우리는 이미 주변에서 비슷한 경험담을 접하고 있다. 드라마 속 판타지는 현실적인 병리적 아픔을 시청자들에게 가감 없이 전해주었다. 드론이 택배를 싣고 하늘을 날아다니고, 핸들 없는 자동차가 스스로 안전하게 운전하는 시대에, 우리는 왜 아직도 이토록 슬픈 일을 겪어야 할까?

점차 기능을 잃어가는 우리의 뇌

우리는 실생활에서 알츠하이머병과 치매를 혼용해 사용한다. 가끔 '노망'이라는 단어를 접하기도 하는데, 치매와 비슷하게 사용되는 뜻 같지만 욕설처럼 들리기도 한다. 엄밀히 말하면 뇌의 기능과 관련해 다양한 문제가 나타나는 상태를 가장 포괄적으로 일컫는 개념이 치매이며, 뇌세포가 퇴화하는 알츠하이머병은 그중 하나인 가장 흔한 형태의 치매라고 볼 수 있다. '알츠하이머'라는 병의 명칭은 1906년 독일의 정신과 의사인 알로이스 알츠하이머Alois Alzheimer의 이름에서 유래했는데, 주로 건망증과 유사하게 기억력에 문제를 보이면서 진행된다. 물론 건망증과 알츠하이머병에는 차이가 있다. 건망증은 기억을 저장하는 용량이 상대적으로 부족할 때 일시적으로 나타나는 자연스러운 현상이지만, 알츠하이머병은 기억뿐만 아니라 지적 능력을 서서히 상실시키며 시간이 흐를수록 악화된다. 아무리 건망증이 심한 사람이라도 무언가 잊었다는 사실을 인지하고 나면 다음번에는 잊지 않으려고 노력하지만, 알츠하이머병을 앓게 되면 잊었다는 것조차 상기하지 못해 자신의 기억력이 나빠졌다는 사실 자체를 모르거나 부인하게 된다. 전체 치매 환자의 절반 이상을 차지할 정도로 대표적인 치매의 원인이라 보통 '치매'라고 하면 알츠하이머병을 떠올리는 이유가 여기에 있다. 가장 흔하다 보니 활발하게 연구되는 분야이기도 하다. 그렇다면 알츠하이머병은 왜 일어날까?

아쉽게도 알츠하이머병이 발생하는 현상이나 원인에 대해서는 정확하게 알려지지 않았다. 가장 큰 위험 요인은 노화와 유전으로 보고 있으며, 머리 외상이나 우울증 등 다양한 환경적 요인도 영향이 있으나 아직 여러 논란이 있다. 확실한 건 초기에는 주로 최근 일어난 사건에 대한 기억력만 문제를 보이다가, 노화로 인해 증세가 진행되면서 언어 기능이나 판단력 등 다른 여러 인지 기능의 이상을 동반하며 결국 모든 일상생활의 기능을 상실한다는 것이다. 우리는 알츠하이머병을 겪는 노년의 시간 여행자를 안타깝게 바라보거나, 언젠가 직접 경험하게 될지도 모르는 슬픈 시간 여행을 그저 염려하며 살아나갈 뿐이다.

풀리고 있는 알츠하이머병 치료와 예방의 실마리

과학으로 이 병을 극복하는 방법은 없을까? 다행히 알츠하이머병 연구와 관련된 놀라운 이야기가 하나 있다. 미국 켄터키대학교의 뇌신경학자 데이비드 스노든David Snowdon 박사는 노화와 알츠하이머병의 관계를 밝히기 위해 노인들의 두뇌를 연구해 왔다. 마땅히 좋은 표본을 구하기가 어려워 연구가 늘 난항이던 어느 날, 좋은 기회가 찾아왔다. 미국 미네소타주에 있는 수녀원에서 의학 발전을 위해 자발적으로 뇌를 기증하기로 한 것이다. 100세가 넘도록 장수한 수녀가 무려 7명이나 되고, 수녀 대부분이 치매 증상 없이 건강하게 오래 살았기 때문에 사후 기증받은 뇌를 통해 알츠하이머병 예방에 대한 많은 단서를 얻을 수 있을 거라고 믿었다.

특히, 연구 대상인 수녀 가운데 특히 주목할 만한 사람이 있었다. 그녀가 심장마비로 85세에 사망하기 직전까지 치렀던 모든 인지 시험에서 최우수 성적을 거두었고, 비교적 젊은 다른 수녀들보다 훨씬 우수한 지적 능력을 갖추고 있었기에 연구팀 모두 기대가 컸다. 마침내 그녀의 뇌를 분석하려는 순간, 알츠하이머병 연구는 혁신적인 전환점을 만나게 된다. 그녀는 심각한 알츠하이머병이 말기까지 진행된 치매 환자였던 것이다.

알츠하이머병의 진단은 두개골을 직접 열었을 때 가장 정확하다. 뇌의 상태만으로 봤을 때 이미 최악의 상태였던 그녀가 어떻게 수녀들 중에서 가장 우수한 지적 능력을 보유할 수 있었을까? 그녀뿐만이 아니었다. 뇌를 기증했던 수백 명의 수녀는 대부분 알츠하이머병을 앓고 있었다. 기대처럼 건강한 두뇌를 갖고 있지는 않았지만, 이미 심각한 알츠하이머병이면서도 그 증상이 발현되지 않았던 특별한 경우들을 발견한 것이다. 도대체 어떻게 이런 일이 가능할까?

뇌에는 기억이 저장되는 시냅스라는 부분이 있는데, 뇌세포들의 의사소통을 위해 연결된 길이라고 생각하면 좋다. 시냅스가 복잡하게 연결될수록 기억이 단단하게 남아 있는 것으로 볼 수 있는데, 수녀들의 시냅스는 정말 무시무시하게 복잡한 연결을 형성하고 있었다. 그녀들은 끊임없이 공부하고 생각하며 뇌를 관리해 왔다. 기억을 하나의 시냅스에만 저장하지 않고 새로운 시냅스를 계속 연결해 가며, 알츠하이머병으로 일부 연결이 끊어져도 나머지 시냅스로 마치 벤치의 후보 선수들처럼 뛰쳐나가 그 자리를 채워준 것이다. 소식을 최대한 다양한 이웃과 나눈다면,

뇌에는 기억이 저장되는 시냅스라는 부분이
있는데, 뇌세포들의 의사소통을 위해 연결된
길이라고 생각하면 좋다. 시냅스가 복잡하게
연결될수록 기억이 단단하게 남아 있는 것으로 볼
수 있다.

몇 명이 갑자기 이사를 가버려도 내가 전했던 소식이 누군가에게 남아 다시 전해질 수 있는 것과 마찬가지 원리다. 최근에는 생물학적인 해결 방법도 두각을 나타내고 있다. 뇌가 포도당을 분해하는 방식이 비정상적일 때 기억에 문제가 나타날 가능성이 커진다는 연관성도 밝혀졌다. 하지만 여전히 근원적인 해결 방법을 찾아내기 위한 여정은 멀고도 험하다.

전력을 다해 시간에 대항하라던 러시아의 대문호 톨스토이조차 말년에는 치매 증상을 보였다고 한다. 어느 하루도 눈부시지 않은 날이 없었다던 드라마 〈눈이 부시게〉의 슬픈 결말처럼, 이길 수 없어서 더 슬프기만 한 시간 여행이 또 있을까. 시간 여행이 가능해진 세상은 경이롭지만, 뇌를 연구하는 과학자들의 노력이 결실을 보여서 다시는 곁에서 이런 슬픈 시간 여행을 마주하게 되는 사람이 없었으면. 그리고 과학이라는 멈추지 않는 두뇌 활동이 여기에 조금이나마 도움이 되기를 소망한다.

살아 있는 생명체에게 부여된
꿈이라는 축복

우리가 매일 충분히 잠을 자야 하는 이유

졸리면 꼭 잠을 자야 할까? 얼마나 오랫동안 잠을 자지 않고도 살아 있을 수 있을까? 이러한 질문에 대답하기 위해, 11일 동안 잠을 자지 않은 사람이 있었다. 1964년, 미국의 랜디 가드너라는 고등학생은 과학자인 윌리엄 디멘트William Dement와 함께 실험을 진행했다. 랜디는 약물이나 카페인의 도움 없이 졸릴 때마다 친구들과 농구를 하며 잠을 자지 않았고, 윌리엄은 랜디의 상태를 꼼꼼히 관찰해 기록으로 남겼다. 결국, 그가 잠들지 않고 버틴 시간은 무려 264시간이 넘었고, 세상에서 가장 오랫동안 잠을 자지 않은 사람으로 기네스북에 올랐다.

다만, 잠을 자지 않는 동안 랜디의 모습은 정상이 아니었다. 실험이 시작된 지 며칠이 지나자 조현병 증상과 함께 환각에 시달렸고, 근육을 충분히 제어할 수 없게 되어 비틀거리며 제대로 걷기조차 힘들어했다. 단기 기억상실증을 앓기도 했는데, 간단히 주어진 뺄셈 문제를 수행하는 과정에서 자신이 지금 무얼 하고 있었는지 자꾸 잊어버렸다. 눈동자와 손가락이 떨리는 증상이 점차 심해졌고, 부정확한 발음 때문에 누구도 랜디의 말을 제대로 알아듣지 못했다. 다행히 실험을 마친 후 별다른 후유증이 나타나지 않았지만, 건강에 큰 문제를 일으킬지도 모른다는 위험성 때문에 기네스협회는 수면 시간 부문을 폐지했다.

과학자들은 계속 잠을 자지 않으면 어떻게 되는지 너무 궁금한 나머지, 쥐를 대상으로 실험하기 시작했다. 잠들려고 하면 전기 충격을 주거나 물에 빠지도록 해서, 쥐가 늘 각성 상태를 유지하게 했다. 수면을 제외한 물과 음식물 등 모든 생존 수단이 제공되었음에도 결과는 참혹했다. 실험에 강제로 동원된 쥐들은 점점 말라가더니 결국 14일 만에 죽었다. 평상시와 똑같이 먹거나 더 많이 먹어도 마찬가지였다. 심지어 생존 기간은 음식물을 주지 않았을 때보다 짧았다. 잠들지 못하는 불면은 단식보다 위험하고, 멀쩡한 생명체에게 죽음을 선사할 수 있을 만큼 위험했다.

이제 잠을 자야 한다는 건 알았다. 그런데 왜 자야 하는 걸까? 일반적으로 소중한 수명의 3분의 1을 죽은 듯이 누운 상태로 소비해야 하는데, 80세까지 살 수 있다고 가정하면 이는 무려 26년이 넘는 세월이다. 다행히 우리는 지금 가만히 누워 있어도 안전한 도시에서 생활하고 있지만, 흉포한 맹수들이 들끓어 보금자리를 구하기 쉽지 않은 정글에서라면 수면은 치명적인 위험 요소 중 하나가 된다. 에너지를 효율적으로 얻기 위한 측면이라면, 차라리 자지 않고 음식이나 다른 형태로 에너지를 얻는 게 낫다. 그런데도 반드시 자야 하는 건 생존에 유리하기 때문일 텐데, 수면만이 보유한 중요한 기능이 있다는 걸까?

사실 잠자는 시간은 정말 위험하다. 포식자로부터 도망치지 못하는 것뿐만 아니라, 장래를 약속한 내 반쪽이 다른 경쟁자에게 한눈팔아도 눈치채지 못한다. 생존과 더불어 번식에도 영향을 미치는 것이다. 그래도 목숨과 자손을 걸고도 늘 자고 싶고 또 자야 하는데, 바로 뇌 때문이다. 우리 몸의 모든 세포는 활동하는 과정에서 필연적으로 노폐물을 생성한다. 가장 중요한 기관인 뇌에서도 마찬가지다. 문제는 다른 세포와 달리 뇌는 그 안쪽까지 들어갈 수 있는 길이 없어서 이런 찌꺼기를 청소할 만한 장치가 없는 것처럼 보였다. 하지만 2013년 《사이언스》에 실린 연구에 따르면, 낮에 활동하면서 뇌에 쌓인 노폐물이 잘 때 청소된다는 내용이 밝혀졌다. 잠을 자는 동안 우리 몸의 다른 기관은 푹 쉬고 있지만, 뇌는 잠자고 있을 때 더 바빴다.

물론 잠을 자는 이유는 매우 다양해서 오직 두뇌 청소만을 위한 행위라고 보긴 어렵다. 특히 잠과 밀접한 관련이 있는 뇌의 기능은 바로 기억이다. 연구진들은 쥐가 수면을 통해 전날 배운 내용을 잘 기억날 수 있도록 저장하고, 쓸데없는 기억은 정리한다는 사실을 발견했다. 장기 기억을 위

2013년《사이언스》에 실린 연구에 따르면, 낮에
활동하면서 뇌에 쌓인 노폐물이 잘 때 청소된다는
내용이 밝혀졌다. 잠을 자는 동안 우리 몸의 다른
기관은 푹 쉬고 있지만, 뇌는 잠자고 있을 때 더
바빴다.

해서는 잠을 자야 한다는 연구 결과는 예전부터 있었지만, 기억을 저장하는 뇌 속 신경세포 또는 뉴런들이 구체적으로 어떻게 잠을 자는 동안 기억을 또렷하게 만드는지를 밝혀낸 것이다. 우리 뇌는 수면 중에 불필요한 기억이 담긴 시냅스의 연결은 아예 끊어버리고, 특정 기억에 대한 시냅스는 유연하게 만들어서 기억 회로를 강화한다. 일종의 기억 가지치기를 통해 중요한 건 살리고 버릴 건 버리는 것이다.

그럴듯한 꿈을 향해 나아가는 수면의 단계

반짝거리는 은색의 자그마한 팽이가 비틀거리며 눈앞에서 돌아가는 꿈을 꾼 적이 있다. 이곳은 현실일까 아니면 꿈속일까 한참을 고민했는데, 다행히 팽이가 멈추기 전에 잠에서 깰 수 있었다. 영화〈인셉션Inception〉의 한 장면을 꿈으로 꾸었던 것이다. 꿈속에서 무엇이든 할 수 있다는 건 흥미롭고, 생각보다 마음먹은 대로 되지 않는다는 제한마저 즐겁다.

우리가 밤에 경험할 수 있는 수면 상태에는 두 가지가 있다. 렘REM수면과 비렘non-REM수면이다. 뇌의 신경세포가 분비하는 화학물질의 종류에 따라 두 수면 주기는 바뀌는데, 렘수면을 활성화하는 화학물질이 분비되면 렘수면에 진입하고, 렘수면을 억제하는 화학물질이 분비되면 비렘수면 상태가 된다. 누워서 눈을 감고 정신이 안드로메다로 가버린다고 전부 똑같은 잠이 아니다. 보통 잠을 잘 때 평균적으로 세 단계에서 많게는 다섯 단계를 거치는데, 각 단계는 신체의 건강을 회복시키는 데 중요한 역할을 한다. 가장 먼저 진입하는 졸음 단계에서는, 완전히 잠들지는 못하지만 호흡이 느려지고 근육이 완화되며 심박 수가 떨어진다. 이후 비렘수면 상태로 진입하는데, 이는 얕은 잠 단계와 깊은 잠 단계로 구분된다. 얕은 잠 단계는 사소한 자극에도 쉽게 깨어날 수 있지만, 깊은 잠 단계로 가면 몸이 마치 초절전 상태처럼 최소한의 활동만 하기에 외부 자극이 있어도 깨어나기 힘들다. 이때는 꿈을 꾸지 않는다.

깊은 잠에 빠진 후 다시 잠시 얕은 잠 단계로 되돌아 갔다가 드디어 꿈을 꾸는 렘수면 상태로 간다. '급속 안구 운동rapid eye movement'이라는 이름을 가진 렘수면 단계에서는 실제로 자면서 눈동자가 빠르게 움직인다. 렘수면 중에는 기억의 연상 작용을 활발하게 하는 아세틸콜린이라는 신경전달물질이 분비되기 때문에, 이때 잠에서 깨어나면 꿈이 생생하게 기억난다. 하지만 비렘수면 중에는 아세틸콜린 분비가 중단되고 주의 집중을 유도하는 노르에피네프린이 분비된다. 그래서 꿈을 꾸지도 않을뿐더러 깨고 나서 기억도 잘 나지 않는다.

꿈의 내용을 잘 되새겨 보면, 등장하는 인물이나 장소, 목적 등이 시도 때도 없이 바뀐다. 인과관계를 찾아내기가 굉장히 힘들다는 것인데, 이런 문제는 기억을 시간 순서대로 나열하고 조합하는 전전두엽이 꿈을 꾸는 도중에는 거의 작동하지 않기에 발생한다. 그런데도 아세틸콜린의 연상 작용으로 뒤죽박죽 떠오른 장면들이 어떻게든 서로 연결되면서 뭔가 그럴듯한 이야기로 만들어진다. 깨고 나면 도대체 이게 무슨 개꿈인지 정신이 없지만, 깨기 직전까지도 꿈속에서는 그럴듯하다고 여기며 고개를 끄덕이는 이유가 여기에 있다.

최근 활발하게 연구되는 꿈의 뇌과학

지난 수십 년 동안 꿈꾸는 행위는 주로 렘수면 단계에서 대부분 일어난다고 알려져 있었다. 아쉽게도 나이가 들수록 전체 수면 시간 중에서 렘수면이 차지하는 비중이 줄어드는 경우가 많아서 어릴 때보다 꿈꾸는 횟수가 줄어든다는 말도 있다. 하지만 최근 연구에 따르면, 비렘수면 단계에서도 꿈꿀 때 발생하는 신호가 포착되는 정황이 나타났다. 렘수면 단계에서만 꿈을 꾸는 게 아닐 수도 있다는 말이다. 상반되는 여러 주장이 계속 나오는 상황에서, 2017년에 미국 위스콘신대학교의 신경과학자들은 렘수면과 비렘수면 단계 모두에서 꿈을 꿀 수도 있고 꾸지 않을 수도 있다고 밝혔다. 단순히 어떤 수면 단계에서 꿈을 꾸는 것이 아니라 뇌의 후두부에 있는 '핫 존hot zone'이 활성화되면 꿈을 꾼다는 주장이었다. 연구진은 잠든 사람의 고밀도 뇌파검사 결과를 분석해서 꿈을 꾸고 있는지 아닌지를 매우 높은 정확도로 예측했다. 게다가 평상시의 뇌와 꿈꾸는 뇌는 예상보다 훨씬 유사했다. 꿈속에서 남들과 이야기했던 사람들은 뇌에서 언어와 관련된 영역의 뇌파 활동이 나타났고, 사람을 만나는 꿈을 꾼 사람들은 이미지를 인식하는 영역이 활성화되었다. 어쩌면 누군가 자는 사이에 그 사람의 꿈을 마치 TV를 보듯이 동시에 볼 수 있는 세상이 올지도 모르겠다.

꿈의 뇌과학은 아직 밝혀진 부분이 많지 않지만, 모든 이에게 공통으로 흥미로운 분야다. 잠을 자는 사람은 꿈을 꾸지만, 잠을 자지 않는 사람은 꿈을 이룰 수 있다는 말이 있다. 그렇지 않다. 자면서 꾸는 꿈 자체도 충분히 가치가 있다. 1865년, 아직 벤젠benzene의 구조가 밝혀지기 전 당시 겐트대학교 교수로 재직하던 독일의 유기화학자 아우구스투스 케쿨레August Kekulé는 깜빡 잠이 들었다. 꿈속에는 원자들이 나왔는데, 서로 기다란 열을 이루어 달라붙고 비틀어지더니 빙글빙글 돌며 스스로 꼬리를 문 뱀처럼 움직였다. 잠에서 깬 케쿨레는 바로 필기도구를 찾아 꿈에서 본 뱀의 모습을 그렸다. 육각형의 완벽한 고리 모양인 벤젠 구조식은 이렇게 탄생했다. 물론 꿈에 나올 정도로 평소에도 주어진 문제를 푸는 데 몰입하고 있었기 때문에 참신한 해결 방법을 찾아냈는지도 모른다. 그래도 충분히 자고 건강해지면, 오히려 더 많은 꿈을 이루어 낼 수 있으리라. 늘 새벽까지 깨어 있는 스스로에게도 해주고 싶은 말이다.

인공장기는 인간 수명의
한계를 극복할 수 있을까

유전자가 인간에게 허락한 최대의 수명

바쁘게 살다 보면 늘 잊게 되는 질문이지만, 삶의 모든 것을 흔들 수 있는 질문이 있다. '나는 언제쯤 죽을까?' 과학 기술이 미래를 예언할 수는 없지만, 끊임없이 관찰한 결과를 바탕으로 오차와 불확실성을 최소화한 결과를 제공하곤 한다. 그러니 질문을 바꿔보자. '인간은 언제까지 살아 숨 쉴 수 있을까?' 어떻게든 적당한 범위만 알아내면, 결국 내 수명도 그 안에 속할 테니 말이다. 모든 생명체는 시간이 흐르면 본래의 활동성을 잃고 멈추는 순간을 맞이한다. 이러한 상태를 우리는 '죽음'이라고 부른다. 죽음의 정의는 시대를 거치며 여러 차례 변해왔지만, 간단하게 자연적으로 발생하는 모든 생물학적 기능의 중지라고 하자. 그렇다면 무시무시한 죽음에 언제쯤 도달할지를 미리 알 수도 있을까?

불행인지 다행인지 이런 정보가 적힌 곳이 있다. 모든 사람은 서로 다른 외모, 성격, 지능 등을 갖고 태어나는데, 그 이유는 부모로부터 물려받은 유전 정보 기반의 설계도가 각자 다르기 때문이다. 이걸 우리는 'DNA'라고 부른다. 방탄소년단이 부른 동명의 노래에서 혈관 속에 있다던 바로 그것이 맞다. DNA도 세월이 지남에 따라 조금씩 화학 구조가 바뀌는데, 이걸 통해 인간의 수명이 언제쯤 끝날지를 연구한 결과가 있다. 가장 간단한 탄소화합물 중에 탄소 하나에 수소 4개가 붙어 있는 메탄이라는 녀석이 있는데, 여기서 나온 작용기 중 하나를 '메틸기methyl group'라고 부른다. 이게 DNA에 달라붙으면 DNA 메틸화라는 현상이 일어나는데, 염기서열 부위에 달라붙으면 유전자 발현을 억제한다. 재미있는 건, 이러한 메틸화 현상을 분석하면 포유류의 노화 정도를 알아낼 수 있다는 것이다.

가장 친숙한 반려동물 중 하나인 개의 나이를 사람 나이로 환산하려면, 흔히 개의 나이에 7을 곱한다고 알려져 있다. 세 살이 된 개는 인간으로 치면 21세 정도며, 개가 만약 열두 살이라면 84세의 노인과 비슷한 나이라는 말이다. 하지만 2019년에 미국 과학자들은 DNA 메틸화를 적용해 새로운 나이 환산법을 만들어 냈다. 그 결과, 개는 어릴 때 사람보다 훨씬 빠르게 성장하고, 나이가 들면 들수록 천천히 늙는 것으로 밝혀졌다. 개가 세 살이면 이미 40대 후반이지만, 열두 살이라고 해도 인간으로 치면 70세 정도라는 것이다. 개뿐만 아니라 사람도 얼마나 늙었는지를 이렇게까지 정밀하게 추정할 수 있다면, 남아 있는 수명을 알아내는 것도 문제없을 것이다. 물론 질병이나 사고 등 외부 요인으로 인한 변수는 배제해야 한다. 오스트레일리아의 과학자들은 척추동물 252종의 유전자 정보를 분석한 결과, 최종적으로 인간의 자연 수명이 38년이라는 결과를 얻었다.

환경이 개선되고 의학 기술이 발달하면서, 인간의 기대수명은 계속 늘어나고 있다. 과거 원시인들은 자연 수명대로 사망했으나, 21세기 인간의 기대수명은 80세를 그리 어렵지 않게 넘는다. 2016년, 미국 알베르트아인슈타인 의과대학의 과학자들은 기록상 보고된 최고령 사망 나이에 관한 정보를 토대로 최대치에 도달한 인간 수명에 대한 논문을 발표했다. 이미 1990년대부터 인간은 한계를 넘어서는 삶의 기간을 영위했고, 그렇게 계산한 최대 평균 수명은 115세, 절대 한계 수명은 125세라는 결론이었다. 자연 수명에 비하면 분명 짧은 수명은 아니지만, 막상 한계라고 하니 오기가 생긴다. 혹시 과학기술을 이용해서 그보다 오래 살 방법은 없을까?

인공장기를 둘러싼 오해와 진실

아주 오래된 SF에서부터 수없이 다루어진 이야기겠지만, 해답은 새로운 몸일 것이다. 유전자가 정해놓은 자연 수명을 훌쩍 뛰어넘어 영혼까지 끌어올려 살아도 125세라는데, 아무리 과학기술이 발전해도 더 고쳐 쓰는 건 무리수에 가깝다. 아무리 오래된 자동차 애호가라고 해도 부품이나 엔진을 그대로 사용하기는 어렵다. 외관은 고풍스럽게 유지하더라도 엔진 룸의 덮개를 열면 내부는 완전히 새것일 가능성이 크다. 하루라도 더 살기 위해서는 우리도 비슷한 방식을 사용하는 수밖에 없다. 바로 낡아버린 내 몸속에 자리 잡을 인공장기다.

한때 시대를 풍미했던 영화 〈로보캅RoboCop〉의 주인공은 사이보그다. 뇌를 비롯한 주요 장기를 제외하면, 몸 대부분이 기계장치로 교체되어 남아 있는 생체 비율은 매우 낮다. 그만큼 보통 인간을 뛰어넘는 강력한 힘과 능력을 갖추고 있다. 인공장기라는 단어를 처음 들었을 때, 가장 익숙하게 떠오르는 건 아마도 이런 종류의 사이보그일 것이다. 물론 장수를 목적으로 한 공학적 성과는 아니다 보니 얼마나 오래 살 수 있을지는 모르겠다. 실제로 과학자들이 가장 많이 연구하는 건 이런 기계식 인공장기가 아니라, 세포를 기반으로 한 바이오 인공장기다. 로보캅처럼 불의의 사고로 손상되거나 만성질환으로 기능이 쇠퇴한 몸속의 조직이나 장기를 새롭게 교체하기 위해, 인공적으로 비슷한 장기를 만들어서 이식하는 것이다. 현재 전 세계에서 많은 연구진이 피부나 각막과 같은 조직은 물론 심장이나 폐, 췌장처럼 다양한 장기를 만들기 위해 애쓰고 있다. 그중에서도 가장 많은 성과가 나타나고 있는 건 이종장기 분야다.

실제로 과학자들이 가장 많이 연구하는 건 기계식
인공장기가 아니라, 세포를 기반으로 한 바이오
인공장기다. 로보캅처럼 불의의 사고로 손상되거나
만성질환으로 기능이 쇠퇴한 몸속의 조직이나
장기를 새롭게 교체하기 위해, 인공적으로 비슷한
장기를 만들어서 이식하는 것이다.

쉽게 생각하면, 인간의 장기를 인위적으로 만들어 내는 건 쉽지 않고 여러 가지 심각한 윤리적 문제도 있으니, 인간이 아닌 동물의 장기를 쓰는 것이다. 그렇다고 아무 동물의 장기나 가져다 쓸 수는 없는 노릇이니 신중하게 판단해야 한다. 초기에는 인간과 장기가 가장 비슷하다는 이유에서 영장류가 후보로 올라왔지만, 비용이나 관리 면에서 어려움에 봉착했다. 그 대신 우리가 이미 잘 키우고 있으며, 새끼도 많이 낳고, 장기 형태도 영장류 못지않게 인간의 것과 유사한 돼지가 뽑혔다.

이제 돼지의 장기가 인간의 몸에 들어갔을 때 발생할 문제만 해결하면 된다. 가장 어려운 문제는 거부반응인데, 장기를 몸에 이식하고 혈액이 돌면 장기가 괴사하기도 하고 혈관이 망가지기도 하기 때문이다. 해결을 위해 유전자 가위를 이용해서 거부반응의 원인을 제거하고자 하지만, 삭제된 유전자로 인해 또 다른 문제가 나타날 수도 있다. 쉽지 않다는 이야기다. 하지만 최근에는 사람 몸에서 얻어낸 세포를 어떤 장기도 될 수 있는 줄기세포로 바꾸고, 이를 시험관에서 배양해 안전한 장기를 만들어 내는 세포 기반 인공장기 기술도 나오고 있다. 상태가 안 좋은 장기에서 건강한 세포만 골라 인공 배양한 후, 3D 프린터로 장기를 찍어내는 바이오 프린팅이라는 방법도 연구 중이다. 영화를 보며 기대했던 것과는 다른 형태로 발전 중인 인공장기

기술이지만, 어쩌면 그 이상의 성과가 나올지도 모른다.

최대의 삶보다 중요한 건 최선의 삶

2021년 개봉한 한국 최초의 우주 배경 SF 영화 〈승리호〉의 등장인물 중 하나인 설리번은 152세의 나이로 꽤나 건강하게 묘사된다. 그 역시 방식은 다르지만, 결국 나노기술 기반의 신개념 인공장기로 기존의 장기를 대체할 수 있었기에 가능한 일이다. 비록 영화 속 설정이긴 하지만, 지금까지 SF 영화에 등장하는 과학기술이 현실화되는 속도를 고려해 보면 인류는 머지않아 죽음의 공포로부터 훌쩍 도망칠 수 있게 될지도 모른다. 이미 2019년에, 우리나라 연구진이 세계 최초로 돼지의 장기를 사람에게 이식하는 임상연구를 진행하기도 했다. 물론 문제가 전혀 없는 건 아니다. 여전히 소득에 따라 의료 불평등 현상이 벌어지고 있는 것만 보더라도, 어쩌면 인공장기가 더 많은 차별을 가져오게 될 수도 있다. 과학기술의 발전과 함께 제도적 장치나 윤리적 공감대를 적절한 순간까지 마련하지 못한다면, 신종 범죄가 생기거나 더 많은 아픔이 퍼지는 것을 막지 못할지도 모른다. 상류층 인간 수명의 한계를 극복했을지는 몰라도, 다수의 인류가 행복해질 기회는 영영 끝나버리는 건 아닐지 걱정도 든다.

좋게 생각하자. 그래봐야 광활한 우주가 살아온, 그리

고 앞으로 살아갈 긴 역사에 비하면 인류는 찰나를 살 뿐이다. 애써서 몇 년을 늘려봐야 마찬가지다. 수명을 늘리는 데 집중하느라 늘어난 수명만큼의 시간을 쉽게 지나쳐 버릴지도 모른다. 결국 죽지 않고 오래 사는 최대의 삶보다 더 중요한 건, 살아 있는 동안 후회 없는 최선의 삶이 아닐까. 물론 최선의 나날들이 훨씬 많아진다면 그보다 더 좋은 일은 없겠지만 말이다. 그러기 위해서는 철저히 준비해서 인류 수명의 한계를 함께 극복해 나가야 한다. 고작 몇몇 인간의 수명이 아니라.

죽음의 순간, 뇌는 무엇을 볼까

죽기 직전 지나온 과거를 회상한다는 연구 결과

사고란 예고 없이 찾아오는 불행한 일을 말한다. 특히 밤중에 건널목을 건너고 있는데 갑자기 멀리 있던 자동차가 순식간에 빠르게 다가오거나, 높은 곳의 물체가 갑자기 머리 위로 무너져 내리는 아찔한 사고를 경험할 수도 있다. 죽음의 순간이 다가오기 직전을 표현할 때 가장 많이 사용하는 단어는 '주마등'이다. 주마등은 주로 장식용으로 사용되는데, 특이하게도 촛불이 바람에 꺼지지 않도록 주위를 감싼 등롱이 이중으로 되어 있다. 바깥 등롱은 반투명한 형태라 안쪽이 어느 정도 비치며, 안쪽 등롱의 윗부분은 바람개비 형태라 촛불로 달구어진 뜨거운 공기가 대류 현상으로 위로 빠져나가며 자연스럽게 돌아가게 되어 있다. 이때 주로 말이나 사람이 달리는 그림이 그려진 안쪽 등롱의 그림자가 바깥 등롱에 투영되어, 마치 무언가가 달리는 것처럼 빙글빙글 돌아간다. 죽기 직전 스쳐 가는 생각의 조각들을 이처럼 빠르게 돌아가는 그림으로 비유해 주마등이 스친다고 표현하는 것이다. 영화나 애니메이션에서도 비슷한 연출이 자주 사용되는데, 등장인물이 생명을 위협받거나 운명을 결정하는 매우 중요한 순간마다 꽤 긴 시간을 할애해 과거를 차근차근 돌아보는 장면을 넣는 것이다.

그런데 왜 이런 일이 벌어지는 걸까? 위기의 상황이 닥칠 때마다 과거를 회상하는 이유에 대한 여러 가설들이 있다. 그중 가장 설득력 있는 답변은 우리의 뇌가 위급한 순간에 생존할 수 있는 방법을 찾기 위해 과거를 돌아본다는 것이다. 어떻게든 살아남으려면 우리는 위기를 극복할 수 있는 신묘한 방안을 머릿속에서 끄집어내야 하는데, 이를 위해서는 지금까지 살아오면서 저장한 모든 경험을 하나씩 꺼내 살펴봐야 한다. 아주 짧은 찰나의 시간 동안 가능한 한 빠른 속도로 과거의 기억을 돌아보고, 그렇게 해서 좋은 방안을 떠올릴 수 있었던 인류만 운 좋게 지금까지 생존할 수 있었을 것이다. 어쩌면 죽음의 순간에 주마등처럼 과거를 뒤적거리는 인류의 뇌는 생존에 유리한 방법을 찾도록 진화한 것일지도 모른다.

물론 이러한 가설이 사실인지는 알 수 없겠지만, 어느 정도 설득력 있는 결과를 얻어낸 실험이 있다. 오래전 죽음이 코앞까지 다가온 쥐의 뇌에서 어떤 일이 벌어지는지를 관찰한 적이 있다. 인간과 여러 면에서 많이 다른 동물로 진행한 실험이었지만, 놀랍게도 아주 높은 수준의 감마파가 쥐의 뇌에서 검출되었다. 베타파와 감마파 같은 고주파수 대역의 뇌파가 주로 기억과 같은 고차원적인 인지 능력과 관련 있다 보니, 혹시 죽음의 순간에 쥐가 기억을 회상하는 건 아닐까 하는 추측이 제기되었지만, 이를 곧바로 인간과 성급하게 연결 지을 수는 없었다. 그러다가 2022년 2월, 「죽어가는 인간의 뇌에서 신경세포 일관성 및 결합의 향상된 상호작용 Enhanced Interplay of Neuronal Coherence and Coupling in the Dying Human Brain」이라는 주제의 논문이 발표되었다. 논문에는 환자를 치료하는 과정에서 우연히 발견하게 된 내용이 담겨 있다. 어느 날 87세 남자가 뇌출혈이 발생해 병원 응급실에 도착했는데, 뇌전증 발작이 감지되어 바로 뇌파 검사를 진행하게 되었다. 안타깝게도 환자는 그 도중 심장마비로 유명을 달리하게 되었지만, 심장박동이 멈추기 전과 후 약 30초 동안 일어난 뇌 활동을 기록할 수 있었다. 다양한 활동 중에서도 주로 관측된 뇌파는 기억을 회상하거나 고차원적인 인지 정보를 처리할 때 나타나는 감마파였다. 물론 단 한 번의 사례만으로 무조건 죽음 직전에 과거를 떠올린다고 단정 지을 수는 없겠지만, 쥐 실험과 연결 지을 만한 후속 연구가 처음으로 등장했다는 점에서 의미 있는 결과였다.

매우 복잡한 전기적 파동, 뇌파

죽음의 순간, 우리 뇌에서 어떤 일이 벌어지는지를 확인하

환자는 심장마비로 유명을 달리하게 되었지만,
심장박동이 멈추기 전과 후 약 30초 동안 일어난 뇌
활동을 기록할 수 있었다. 다양한 활동 중에서도
주로 관측된 뇌파는 기억을 회상하거나 고차원적인
인지 정보를 처리할 때 나타나는 감마파였다.

는 방법은 뇌파를 측정하는 것이다. (뇌파를 측정하는 과정을 그려보라고 하면, 아마 머리에 이상한 모자를 쓰고 복잡한 전선을 꽂아두는 모습을 떠올릴지도 모르겠다.) 우선 뇌파가 어떻게 발생하는지부터 알아보자. 우리의 뇌는 태어날 때부터 약 1,000억 개의 뉴런으로 구성되어 있으며, 뉴런들의 연결 구조인 시냅스는 수백조 개에 달한다. 우리가 살면서 보고 듣고 느끼는 모든 감각 정보는 전기신호로 변경되어 뇌로 들어오고, 같은 경험을 할 때마다 전달되는 동일한 패턴의 신호는 흔적으로 남게 된다. 그리고 우리는 이걸 '기억'이라고 부른다. 예를 들어, 사과를 보면 뇌에서는 사과에 대응하는 신호 패턴이 발생하는데, 특정한 신호 패턴이 계속 오고 가기를 반복하면 우리는 사과의 모습을 명확하게 기억하게 되고 이로써 점차 발전된 지능을 갖추게 된다.

그런데 이러한 신호 패턴이 뉴런들 사이를 오갈 때마다, 이 신호로 인해 일종의 전기적인 파동도 함께 발생한다. 머리뼈의 안쪽에는 뇌가 경뇌막, 거미막, 연뇌막이라는 세 겹의 막으로 싸여 있다. 더 깊이 들어가면 대뇌피질에서 시냅스가 신경전달물질을 분비하는데, 좀 더 자세히 들여다보면 신경세포 외부에 있던 나트륨 이온이 세포 안으로 유입되고 칼륨 이온은 반대로 세포 밖으로 나가면서, 세포막 사이에 전위차가 발생한다. 전기적 위치에너지로 인해 전압이 생기면 전류가 흐르고, 이 전류는 전기장을 형성한다. 전기장으로 인해 자기장이 생성되고 자기장의 변화가 다시 전기장을 생성하다 보면 파동이 발생한다. 사실 각각의 뉴런에서 발생하는 파동은 매우 미약하다. 하지만 셀 수 없이 많은 뉴런들에서 파동이 복합적으로 발생하면, 우리가 측정할 수 있을 만한 크기의 파동이 모습을 드러낸다. 이게 바로 뇌파의 정체다.

기본적으로 다섯 가지 뇌파가 잘 알려져 있다. 이들은 보통 주파수로 구분되는데, 가장 낮은 주파수인 델타파부터 시작해, 세타파, 알파파, 베타파, 감마파가 있다. 보통 델타파는 깊은 수면 상태에 나오며, 세타파는 수면과 깨어 있는 상태의 중간 정도에서 나온다. 무언가에 집중하지 않은 상태로 눈을 감고 편하게 있으면 알파파가 나오며, 눈을 뜨고 집중하는 상태에서는 베타파가 주를 이룬다. 가장 높은 주파수인 감마파의 경우, 고도의 인지 정보를 처리하거나 초조한 상태에서 나오는 것으로 알려져 있다. 뇌파를 통해 우리가 어떤 상태인지를 알아낼 수 있다는 사실은 매우 흥미로운 결과였고, 반대로 뇌파를 바꿔서 뇌의 활동에 영향을 미칠 수는 없을까 하는 아이디어도 등장하기 시작했다. 그중에서도 소리는 가장 안전하고 손쉽게 사용할 수 있는 도구였다.

반복적인 소리를 들려줌으로써 뇌를 안정적으로 또는 활동적으로 만드는 것을 '자극에 의한 동조화'라고 부르며, 이를 활용해서 뇌파에 영향을 주는 방법도 있다. 특히 '백색소음'은 일정한 청각 패턴 없이 인간의 가청 주파수 영역 내의 모든 소리를 비슷한 양으로 포함하는 소음을 말하는데, 넓은 대역의 소리가 고르게 분포되어 있어서 계속 들으면 델타파의 주파수 특성처럼 마음이 안정된다. 파도 소리나 새소리를 들으면 편안해지는 이유다.

뇌파로 사람의 마음을 읽는 미래

1875년 영국의 생리학자 리처드 케이턴Richard Caton은 토끼와 원숭이의 뇌에서 검출한 파형을 검류계에 기록했다. 아마도 최초의 뇌파를 발견한 사례이리라. 그로부터 50년쯤 지나 1924년에는 독일의 신경과학자 한스 베르거Hans Berger가 세계 최초로 뇌파를 기록하는 장치를 개발했는데, 그가 뇌파를 연구하게 된 계기가 재미있다. 그는 군대에 있을 때 달리는 말에서 떨어지는 사고를 당했는데, 공교롭게도 마침 동생이 멀리서 전보를 보내 베르거의 안부를 물었다. 자신이 다쳤다는 소식이 전달될 만한 시간적 여유가 없었기에, 베르거는 묘한 호기심이 들었다. 위기의 순간에 무언가 알 수 없는 방법으로 멀리 떨어져 있는 동생에게 어떤 신호가 전달된 건 아닐까? 말하지 않고도 정보를 전달할 방법이 있을지도 모른다고 생각했던 그는 그 뒤로 뇌파 연구에 매진하게 되었다. 이때 머리에 외상을 입은 환자의 손상된 머리뼈 부위 피부 안쪽으로 2개의 백금 전극을 삽입해서 전기신호의 변화를 측정했는데, 이것이 바로 인간의 뇌파를 최초로 측정한 방식이다. 당시에는 반드시 피부 안쪽으로 전극을 넣어야 하는 줄 알았지만, 나중에는 피부 위로도 신호가 측정된다는 사실이 알려졌다. 머리뼈를 가르거나 뇌 안쪽으로 바늘처럼 뾰족한 무언가를 꽂을 필요도 없이, 누구나 쉽게 저렴한 비용으로 뇌파를 감지할 수 있게 된 것이다.

자세한 내용을 알기 전까지 뇌파는 정말 신비로운 대상이었지만, 잘 들여다보면 사고하는 생명체에서 당연히 발생할 수 있는 전기적 신호다. 우리 몸의 수많은 복잡한 동작 역시, 신경 활동에 의해 발생하는 뇌의 미세한 전기신호가 온몸에 퍼져 있는 근육에 영향을 미치기 때문에 가능하다. 우리 몸은 전기로 가동되는, 생명공학 기반의 생체 로봇인 셈이다. 따라서 뇌가 일할 때마다 뇌파가 발생하며, 뇌파를 측정한다는 것은 뇌 활동을 측정한다는 의미다. 뇌파를 통해 잠을 자고 있는지 아니면 깨어 있는지를 확인할 수 있고, 뇌의 기능에 이상이 있는지도 알 수 있다. 가까운 미래에는 겉으로 드러나는 대화 없이 상대가 원하는 바를 바로 읽어내고, 나아가 서로 뇌파만으로 대화를 나눌 수 있는 시대가 도래할지도 모른다. 하지만 아직 우리가 뇌파를 통해 타인의 감정과 생각을 읽어내거나 숨겨진 의도를 파악하는 건 쉽지 않다.

언젠가 죽음의 순간이 왔을 때, 생존을 위해 격렬하게 과거의 기억을 더듬어 나가는 뇌와 그로 인해 발생하는 복잡한 뇌파를 떠올리면 슬프고 처량해진다. 하지만 다시 생각해 보면, 마지막 숨을 몰아쉬기 직전까지 우리가 살아온 나날들을 뒤돌아 보는 기회를 제공해 주는 뇌의 마지막 노력이 숭고하게 다가온다. 죽음에 이르기 전 뇌가 정말로 과거 기억을 회상하는지는, 가까운 시일에 뇌파와 관련된 완벽한 실험 결과와 사례 들이 등장하면서 정리될 것이다. 하지만 그 행위가 정말로 생존을 위한 마지막 몸부림인지, 아니면 후회 없는 삶을 돌아보기 위한 찰나의 여운인지는 영원히 알 수 없을 것이다.

3부

블랙홀에 빠지는 가장 우아한 방법

지옥으로 가는 구멍이
우주에도 있을까

끝없이 깊은 구멍에 얽힌 도시 전설

그리 진지한 이야기는 아니지만, 1998년에 미국 워싱턴주의 멜 워터스라는 남성은 자신이 구매한 사유지에 바닥을 알 수 없을 정도로 깊은 구멍이 있다고 주장했다. 누가, 언제, 어떤 방법으로 구멍을 팠는지 알 수 없지만, 3미터에서 조금 모자라는 크기의 구멍 속으로 계속 내려가면 그 끝에는 지옥이 있다고 했다. 그 밖에도 죽은 동물의 사체를 버리면 살아서 돌아온다는 둥, 구멍에서 광선이 발사된다는 둥, 라디오 방송까지 출연해서 여러 도시 전설을 들려주었지만 딱히 그럴싸해 보이지는 않았다. 이후 정부에 의해 모든 증거는 파기되었으며 정보기관으로부터 쫓기고 있다는 소문만 남긴 채, 다른 괴담의 주인공들처럼 영원히 자취를 감추었다. 지옥의 구멍에 대한 근거 없는 낭설만 여전히 남아 있을 뿐이다.

상상력을 동원해 그럴싸한 오컬트 추리물을 지어보는 건 즐거운 일이긴 하다. 하지만 뭣이 중한지 생각해 보면 딱 거기까지다. 하지만 과학은 상상력을 뛰어넘는 경이로

움을 선사한다. 우주에도 비슷한 구멍이 있기 때문이다. 바로 검은 구멍, 블랙홀이다. 천문학계에서 워낙 유명한 천체다 보니, 처음 들어보는 이름일 리는 없겠지만, 안타깝게도 이름처럼 실제 구멍은 아니다. '블랙홀black hole'이라는 이름은 미국의 이론물리학자 존 휠러John Wheeler가 처음 언급했지만, 근본적인 개념은 영국의 철학자이자 아마추어 천문학자였던 존 미첼John Michell이 제시했다. 암흑성, 어두운 별 혹은 죽은 별이라는 뜻이었다. 이후 프랑스의 수학자 피에르 시몽 라플라스Pierre Simon Laplace는 중력이 너무 강한 별이 있다면, 빛의 속도로 움직이는 광자조차도 빠져나오지 못할 것으로 예측했다. 몇 년 후 빛이 파동일지도 모른다는 사실이 밝혀지자, 죽은 별의 시체와 빛이 서로 상호작용을 하기는 어려울 것이라는 분위기가 100년 넘게 지속되었다. 아인슈타인이 상대성이론을 내놓기 전까지 말이다.

그는 질량이 있는 물체가 중력이라는 힘으로 시공간을 휜다고 가정했고, 파동 형태의 빛 역시 휘어진 시공간의 영향을 받으리라 믿었다. 이후 일반 상대성이론의 방정식을 열심히 풀었던 독일의 천문학자 카를 슈바르츠실트Karl Schwarzschild는 자신의 이름을 따서 회전하지 않는 블랙홀인 슈바르츠실트 블랙홀을 제안했다. 만약 우주에 어마어마하게 큰 질량의 천체가 존재해서, 이 막대한 질량이 중력

만약 우주에 어마어마하게 큰 질량의 천체가
존재해서, 이 막대한 질량이 중력에 의해 중앙으로
모인다면 어떻게 될까? 아마 그 주위에는 구 형태의
가상의 경계가 만들어질 것이다. 구의 크기를
나타내는 반지름을 '슈바르츠실트 반지름'이라고
하며, 어떤 것도 빠져나올 수 없는 경계를 '사건의
지평선'이라고 한다.

에 의해 중앙으로 모인다면 어떻게 될까? 아마 그 주위에는 구 형태의 가상의 경계가 만들어질 것이다. 구의 크기를 나타내는 반지름을 '슈바르츠실트 반지름Schwarzschild radius'이라고 하며, 어떤 것도 빠져나올 수 없는 경계를 '사건의 지평선event horizon'이라고 불렀다. 재미있는 가설이었지만 당시 이런 조건을 만족하는 천체가 존재하리라는 기대는 누구도 하지 않았기에, 블랙홀을 진지하게 연구하거나 관측하려는 시도도 이루어지지 않았다. 도시 전설까지는 아니었지만 말이다.

블랙홀은 어떻게 만들어질까

원자폭탄의 아버지로 유명한 미국의 물리학자 오펜하이머Julius Robert Oppenheimer 역시 블랙홀에 관심이 많았는데, 1939년에 그는 당시 수학적 기량이 뛰어났던 하틀랜드 스나이더Hartland Snyder와 함께 지속적인 중력 수축에 관한 4쪽짜리 짧은 논문을 발표했다. 지금껏 '블랙홀'이라고 불리던 대상을 이론적으로 완벽하게 설명하면서, 그 존재를 과학적으로 처음 규명한 전환점의 등장이었다. 질량이 있는 모든 물질은 중력을 가진다. 중력으로 인해 일반적인 별은 스스로 한 점에 모이려고 애를 쓰지만, 점점 모이다 보면 구성하고 있는 물질들이 서로 격렬하게 싸우며 에너지를 내뿜다가 더는 압축되지 않는 상태에 도달한다. 출퇴

근 시간대의 '지옥철'처럼 말이다. 열차가 역에서 멈출 때마다 끊임없이 사람들이 들어오지만, 어느 한계를 넘어서면 누구도 도저히 탈 수 없게 된다. 별도 마찬가지로 죽어라 찍어 눌러봐도 중력조차 포기해 버리는 시점이 온다. 그때가 되면 별은 크기를 유지하면서 한참 동안 밝게 빛나며 타오른다. 그런데 이건 태양처럼 일반적인 별일 경우에 그렇다. 질량이 무시무시하게 큰 별이라면, 중력이 너무 강해서 물질들이 부딪히며 밀어내는 힘 정도는 가뿐히 무시해 버린다. 특히, 핵융합으로 발생하는 반발력은 에너지원이 고갈되고 나면 웬만해선 중력을 막을 수 없다. 오랜 시간이 걸려 묵묵히 한 점으로 압축되고 나면, 원래 크기는 사라지고 어마어마한 질량만 남은 중력 개미지옥이 되어버린다. 오펜하이머와 스나이더는 어쩌면 그들의 인생에서 가장 위대한 업적이 될지도 모르는 우주 구성의 근본적인 발견을 덤덤한 어조로 풀어냈다.

이제 영화나 만화에 등장하는, 허공에서 소용돌이처럼 돌아가는 검은 구멍은 블랙홀이 아니라는 것을 알았다. 어쩌면 수명을 다한 거대한 별 하나가 중력만 남아 그 주변을 빨아들인다면, 검은 구멍과 비슷하게 보일 수도 있다. 하지만 우주에 존재하는 별들은 커플 천지다. 심지어 삼각관계나 그 이상의 막장도 흔하다. 1963년에 뉴질랜드의 과학자 로이 커Roy Kerr는 2개의 별에서 블랙홀이 만들어지는 경우를 최초로 발견했고, '커 블랙홀'이라고 이름 붙였다. 거대한 수박 두 통처럼 생긴 2개의 별 중 한 녀석이 블랙홀로 변하면, 나머지 녀석의 물질은 청소기의 전원 코드 선이 감길 때처럼 뱅뱅 돌면서 옆 친구에게 빨려 들어간다. 그 과정에서 마치 레코드판 모양으로 블랙홀 주변을 감싸게 되는데, 이걸 '강착원반accretion disk'이라고 부른다. 그리고 서로 빨려 들어가려고 물질들끼리 싸우다 보면, 마찰로 인해 에너지가 방출된다. 우리는 이 에너지를 관측해 비로소 블랙홀의 존재를 확신할 수 있었다. 클럽 디제이의 디스크처럼 멋지게 돌아가는 블랙홀의 모습이 궁금하다면, 영화 〈인터스텔라Interstellar〉에서 만나볼 수 있다. 물론 영화에 등장하는 블랙홀, 가르강튀아를 비롯해 그 전까지 봐왔던 모든 블랙홀은 그저 상상을 기반으로 만든 이미지일 뿐이었다. 이제 인류는 블랙홀의 직접적인 관측을 꿈꾸게 되었다.

인류 최초로 블랙홀 관측에 성공한 과학자들

우리 은하 중심에는 아주 거대한 블랙홀이 존재한다. 블랙홀을 질량으로 구분하면 두 가지로 나눌 수 있다. 바로 항성질량 블랙홀stellar-mass black hole과 거대질량 블랙홀super-massive black hole이다. 전자는 태양보다 수십 배가량 무겁고, 후자는 수십만 배에서 수십억 배 더 무겁다. 우리 은하 중심, 궁수자리A 근처에 있는 블랙홀은 거대질량 블랙홀이면서 지구에서 가장 가깝다. 또 연구할 만한 녀석은 처녀자리 은하단의 M87 은하 중심에 있는 거대질량 블랙홀이다. 굉장히 멀리 있긴 하지만, 그만큼 커서 지구에서 보이는 크기는 둘이 비슷하다. 2008년과 2012년에 각각 두 블랙홀의 사건의 지평선 크기를 여러 망원경의 간섭계를 통해 측정했지만, 분해능이 낮아 제대로 관측했다고 보기는 어려웠다. 둘 중 먼저 볼 녀석을 골라서 제대로 봐야 했다.

2009년 드디어 사건의 지평선 망원경Event Horizon Telescope 프로젝트가 시작되었다. 여러 지역의 관측 시설을 동시에 사용해, 일종의 지구 크기의 망원경을 만들어 낸 것이다. 대상은 우선 M87 은하로 결정되었다. 남반구와 북반구에서 동시 관측이 가능하며, 무거워서 그 주변에서 나오는 빛의 밝기가 비교적 천천히 변하기 때문이었다. 남극 망원경을 포함해 총 여덟 대의 망원경으로 한국에서 미국 거주자의 코털을 셀 수 있을 정도의 분해능을 만들어 냈다. 그리고 2019년 4월, 지구에서 5,500만 광년 떨어진 곳에서 블랙홀의 그림자가 최초로 직접 관측되었다. 전 세계 100여 개의 연구 기관에 소속된 300여 명의 과학자들이 참여했고, 특히 한국의 젊은 과학자 김준한 박사와 한국천문연구원의 손봉원 박사 등 여러 국내 연구자들도 성공에 이바지했다.

블랙홀의 그림자를 봤지만, 여전히 해결해야 할 난제

는 남아 있다. 시뮬레이션으로 만들어 낸 블랙홀의 그림자와 실제 결과는 서로 비슷하지만 몇 가지 분명한 차이점들이 있어 추가적인 연구가 필요하다. 또한, 항성질량 블랙홀과 비교하면 거대질량 블랙홀은 아주 무거운데, 어떻게 그토록 짧은 시간에 그렇게 무거워질 수 있는지 도무지 알 수가 없다. 다행히 작년 6월, 서울대학교의 우종학 교수 연구팀은 빛의 메아리 효과를 이용해 중간질량 블랙홀의 존재를 관측했고, 중력파를 통해 2016년부터 꾸준히 블랙홀 관측의 새로운 지평을 열고 있는 레이저간섭계중력파관측소Laser Interferometer Gravitational-Wave Observatory도 2020년에 태양 질량의 142배에 달하는 블랙홀의 형성 과정을 포착했다. 수많은 노력 끝에 그림자를 보기는 했지만, 여전히 블랙홀은 우주에서 가장 신비로운 천체 중 하나다. 언젠가 전혀 새로운 방식으로 우주의 검은 구멍을 직접 볼 수 있게 된다면, 적어도 그 구멍은 인류를 지옥이 아닌 지식의 옥좌로 인도할 것이 확실하다.

우주가 보내는 신호에
귀를 기울이면

100년 전에 중력파를 예측했던 아인슈타인

잠귀가 매우 밝은 사람들이 있다. 잠귀란 잠결에 소리를 들을 수 있는 감각을 말하는데, 아주 작은 소음에도 쉽게 잠에서 깬다면 위험을 감지하는 능력은 뛰어나겠지만 피곤하고 지치기도 한다. 소리는 공기나 물을 타고 오는데, 아무리 작더라도 미세한 매질의 떨림을 통해 우리에게 전해진다. 자려고 누울 때마다 들리는 시계 초침 소리나 수도꼭지에서 떨어지는 물방울 소리도 마찬가지다. 혹시 눈에 보이지 않는 파동으로 우주의 비밀을 밝혀낼 수 있다면 어떨까? 물론 우리가 귀로 듣는 소리와는 전혀 다를 테지만, 이런 파동이 정말 있다. 바로 중력에 의한 시공간의 떨림, 중력파gravitational wave다. 이 녀석이 뭔지 알기 위해서는 먼저 중력을 이해해야 한다.

고전역학의 거인 아이작 뉴턴Isaac Newton은 중력을 두 물체 사이에서 작용하는 힘이라고 설명했다. 사과가 떨어지는 이유는 지구와 사과가 서로 잡아당기기 때문이라는 것이다. 학창 시절 물체 A와 물체 B를 놓고 두 물체 간 작용하는 힘을 쉴 틈 없이 계산하며 우리는 중력을 충분히 이해했다고 믿었다. 하지만 현대물리학의 타노스, 아인슈타인의 생각은 달랐다. 우리가 사는 세상은 시공간이라는 틀이며, 중력은 물체끼리 작용하는 게 아니라 오직 시공간에만 영향을 준다는 것이다. 쉽게 예를 들기 위해 주방으로 가보자. 먼저 무거운 참치 통조림과 냉장고 속 방울토마토를 하나씩 꺼낸다. 뉴턴은 통조림과 방울토마토가 서로 당기는 힘을 중력이라고 했지만, 아인슈타인은 여기에 포장용 비닐 랩을 추가한다. 비닐 랩을 쭉 뽑아 두 손으로 잡고, 그 위에 통조림을 떨어뜨려 보자. 아마 비닐 랩의 중앙이 깊게 파일 것이다. 이제 그 위에 방울토마토를 놓으면 파인 랩의 곡면을 따라 참치 통조림을 향해 굴러가게 된다. 비닐 랩이 아주 투명하다면, 마치 참치통조림과 방울토마토가 서로 당기기 때문에 가까워지는 것처럼 보일 것이다. 실제로 둘은 서로를 당긴 적이 없는데도 말이다.

뉴턴의 중력은 오직 질량이 있는 물체끼리만 작용하기 때문에, 빛은 아무런 영향도 받지 않는다. 하지만 아인슈타인의 중력은 시공간 자체에 영향을 주기 때문에 빛도 휘어진 시공간을 따라 함께 휘어야 한다. 그리고 1919년 5월, 영국의 천문학자 에딩턴Arthur Eddington은 아프리카 근처의 작은 섬에서 빛이 휘는 현상을 관측했고, 이를 통해 아인슈타인의 주장이 옳다는 것을 증명했다. 시공간이 전 우

시공간이 전 우주에 보이지 않는 형태로 존재하며
그 위에 어마어마한 질량의 물체가 움직인다면,
시공간조차 어찌할 도리 없이 미세하게 진동할지도
모른다. 이렇게 떨리는 중력의 파도를 '중력파'라고
부른다.

주에 보이지 않는 형태로 존재하며 그 위에 어마어마한 질량의 물체가 움직인다면, 가련한 비닐 랩은 어찌할 도리 없이 미세하게 진동할지도 모른다. 이렇게 떨리는 중력의 파도를 '중력파'라고 부른다. 100년도 더 지난 과거에 천재 아인슈타인은 「중력장 방정식의 근사적인 통합Approximative Integration of the Field Equations of Gravitation」이라는 논문을 통해 처음으로 이론적인 중력파를 제시했다.

중력파 발견에 불을 지핀 한 번의 실패

1956년, 해군 출신의 실험물리학자 조지프 웨버Joseph Weber는 아인슈타인의 일반 상대성이론에 관심이 많았다. 공동 연구를 위해 프린스턴고등연구소에 방문했을 때는 마침 '블랙홀'이라는 이름을 최초로 사용했던 이론물리학자 존 휠러가 있었다. 둘은 죽이 잘 맞아서 심심하면 시공간과 중력파로 이야기꽃을 피웠는데, 특히 실제로 중력파를 검출할 수 있을지에 관한 이야기를 주로 나누었다.

그로부터 4년 후, 웨버는 중력파 검출 장비에 대한 독자적인 아이디어를 담아 논문을 발표했고, 원래 소속되어 있던 메릴랜드대학교로 돌아와서는 웨버 막대Weber bar라는 아주 특별한 장치를 직접 만들기까지 했다. 원리는 간단했다. 시공간이 정말 떨린다면 그 안에 놓인 막대기에 영향을 줄 테고, 막대기 안의 분자들이 진동하면서 내부 압력을 변화시킬 것이다. 이때 이 압력의 변화를 전기신호로 바꿔줄 수만 있다면, 중력파를 직접 검출할 수 있을지도 모른다. 1969년, 드디어 그는 최초의 중력파를 발견했다고 발표했다. 위대한 발견에 수많은 과학자들이 갈채를 보냈고, 그들에게 선망의 대상이 되었다.

하지만 웨버의 실험을 재현해 본 과학자들은 웨버 막대의 정밀도를 의심했다. 철저한 검증 과정을 거치면서, 웨버의 확신도 점점 옅어졌다. 시공간이 늘어나거나 줄어들면서 떨린다고 해도, 그 안에 존재하는 모든 것도 함께 떨릴 것이다. 따라서 현실적으로 어떠한 차이도 발생할 수 없을 것이기에, 중력파를 검출한다는 것은 말도 안 되는 것처럼 보였다. 그를 지지하던 사람들도 하나둘 돌아섰다. 인류는 이렇게 중력파를 포기했을까? 웨버 박사의 무모한 도전은 무의미했을까? 그 반대였다. 웨버 막대가 가진 수많은 모순은 다른 과학자들의 탐구심에 기름을 부었고, 그 뒤로 수십 개가 넘는 연구단이 꾸려졌다. 중력파? 원한다면 주도록 하지. 잘 찾아봐. 온 우주 전체에서 그걸 볼 수 있으니까. 이름하여 '중력파 검출의 시대'를 맞는다.

중력파 연구는 어디까지 와 있을까

1960년대 후반에 라이너 바이스Rainer Weiss는 중력파 검출에 빛을 이용하는 아이디어를 최초로 떠올렸고, 1974년에 천체물리학자 조지프 테일러Joseph Taylor가 무거운 두 별의 공전 궤도가 줄어드는 것을 관측하며 중력파의 존재를 간접적으로 증명했다. 줄어든 공전 궤도를 계산하면, 정확하게 이론상 방출되는 중력파만큼 에너지를 잃기 때문이다. 지갑에 있던 5만 원 중 아이스크림을 2만 원어치 사 먹은 것을 증명하기 위해, 지갑을 열어서 남아 있는 3만 원을 정확히 세어본 것이다. 연구가 탄력을 받아 1992년에는 미국 워싱턴주 핸퍼드와 루이지애나주 리빙스턴에 레이저간섭계중력파관측소, 즉 라이고LIGO가 지어졌다. 처음 가동하고 나서 2010년까지 어떠한 중력파도 발견하지 못했고, 2014년에는 우주 초기 중력파의 흔적을 관측한 듯 보였으나 잡음으로 밝혀졌다. 하지만 2015년 9월 14일, 드디어 중력파가 최초로 검출되었다. 공상이 아니었다.

라이고는 4킬로미터 길이의 터널 2개가 'ㄱ'자 모양으로 설치되어 있으며, 두 터널이 만나는 모서리 근처에서 발사된 레이저의 절반은 모서리 중앙에서 방향을 한쪽으로 꺾고, 나머지 반은 통과해 각각의 터널을 지나간다. 터널 끝의 거울에 도달한 두 레이저는 다시 중앙으로 반사되고, 중앙 검출기에 도달한 두 빛은 정확하게 상쇄되며 사라진다. 하지만 중력파가 라이고를 지나간다면, 시공간이 왜곡되면서 미세하게 레이저의 이동 거리가 바뀌어 중력파를 확인할 수 있게 된다. 제임스 고든 형사가 배트맨을 부를 때 사용하는 배트 시그널을 예로 들어보자. 2개의 배트 시그널을 정확하게 같은 곳으로 쏜다면, 마치 하나처럼 깨끗하게 보인다. 하지만 둘 중 하나라도 쏘는 위치가 변한다면 또렷하지 않고 지저분하게 보일 것이다. 라이고도 비슷한 방식으로 시공간의 변화를 감지한다. 물론 엄청나게 정밀하게 말이다. 심지어 핸퍼드와 리빙스턴, 두 곳에 존재하는 라이고를 통해 중력파가 날아온 방향까지 알 수 있었다. 먼저 관측된 쪽이 중력파가 온 방향일 테니까 말이다.

9월 14일에 관측된 중력파는 13억 년 전 블랙홀이 만들어 낸 떨림이었다. 태양의 질량보다 각각 36배, 29배 무거운 블랙홀들이 하나로 합쳐지며 62배가 되었고, 이때 태양의 3배 정도의 질량은 중력파의 형태로 퍼졌다. 중력파의 발견은 철저한 검증을 거친 뒤 관측된 지 5개월이 지나서야 세상에 발표되었는데, 중력파 연구의 초석을 닦은 라이너 바이스 박사, 프로젝트를 국제적으로 키운 배리 배리시 Barry Barish 박사, 그리고 영화 〈인터스텔라〉의 자문으로 유명한 킵 손 Kip Thorne 박사는 2017년 12월에 노벨 물리학상을 받았다. 최초로 중력파의 직접적인 관측에 성공했기 때문이었다.

과거에 우리는 우주를 빛으로만 볼 수 있었다. 빛조차 흡수하는 블랙홀 안을 들여다볼 수 없었고, 불투명한 초신성의 중심부나 폭발로 감추어진 빅뱅의 순간도 전혀 볼 수 없었다. 하지만 이제는 라이고로 우주를 들을 수 있게 되었다. 중력파의 진폭과 진동수의 패턴을 통한 관측의 새로운 지평이 열리면서, 완전히 새로운 귀를 얻게 된 것이다. 2020년 9월에는 라이고와 함께 이탈리아에 설치된 비르고 VIRGO라는 중력파 관측소를 활용해, 태양 질량의 142배에 달하는 블랙홀의 형성 과정도 포착했다. 현재까지 발견된 가장 큰 규모의 충돌이었고, 특히 소문만 무성했던 중간 질량 블랙홀의 존재를 직접 확인했다는 데 커다란 의미가 있다. 기술적으로 구현하기 어렵고 아직 먼 미래의 이야기지만, 초대형 라이고를 만들어 보려는 시도도 준비 중이다. 세 대의 편대비행 우주선을 이용해서, 한 변의 길이가 500만 킬로미터에 달하는 거대한 삼각 모양의 레이저 간섭계 우주 안테나Laser Interferometer Space Antenna, LISA를 우주에 띄워 보내려는 것이다.

킵 손은 중력파 연구에 대해 이런 말을 남겼다. "정밀한 중력파 검출기를 만들기 위해 극복해야 할 기술적 어려움은 막대하다. 하지만 물리학자들은 독창적이며 대중은 이들을 지지해 줄 것이기에, 모든 장애물을 극복할 수 있다." 광화문 광장의 붉은 물결이 아니어도 충분하다. 그저 과학자들에 대한 응원이 계속 멈추지 않기만을 바랄 뿐이다.

화성에서 제대로 된 일몰을 볼 수 있을까

화성의 비밀을 밝히기 위한 기나긴 여정

언젠가 인간이 더 이상 살 수 없을 정도로 지구가 황폐해진다면, 우리도 결국 영화 〈인터스텔라〉처럼 제2의 지구를 찾기 위해 웜홀을 통해 탐사선을 보내야 할지 모른다. 다행히 비교적 가까운 거리에 지구와 비슷한 행성이 있기에 희망은 있다. 바로 태양계 식구인 화성이다. 비록 지구의 절반만 한 크기에 10분의 1 정도 질량밖에 되지 않지만, 자전주기나 자전축이 기울어진 정도까지 지구와 유사하다 보니 막상 살아보면 그리 어색하지 않을 것 같다.

물론 화성이 처음부터 호감인 행성이었던 건 아니다. 표면 전체를 뒤덮는 산화철 성분의 흙으로 인해 유난히 붉은빛을 띠는 화성은 고대인들에게 공포심을 선사했고, 성격이 다혈질인 사람은 화성의 지배를 받는다는 오해를 받았다. 다행히 이탈리아의 천문학자 갈릴레오 갈릴레이Galileo Galilei가 망원경으로 우주를 관측하기 시작하면서, 인류는 미신 대신 과학의 영역으로 나아가게 되었다. 네덜란드의 천문학자 크리스티안 하위헌스Christiaan Huygens도

화성 표면을 그림으로 그렸고, 영국 천문학자 윌리엄 허셜 William Herschel은 화성 자전축의 기울기와 대기의 존재를 알아내기도 했다.

1877년, 화성과 지구가 가까워지는 시기에 맞춰 이탈리아의 천문학자 조반니 스키아파렐리Giovanni Schiaparelli는 성능이 좋은 망원경을 사용해서 이전보다 상세한 화성 지도를 제작하기도 했다. 화성의 모습이 점차 눈앞에 선명하게 떠오르자, 미국의 천문학자이자 사업가 퍼시벌 로웰 Percival Lowell은 사비를 털어서 천문대를 지었다. 그는 인위적인 냄새를 풍기는 화성의 운하를 관측했고, 이것이 외계생명체가 존재하는 증거라고 믿었다. 이후 오랫동안 화성인의 존재에 대한 논쟁이 이어져 왔지만, 아무리 좋은 망원경을 사용해도 얻을 수 있는 정보는 한정적이었다. 직접 가서 확실한 증거를 보고 올 수는 없을까? 고민 끝에 인류는 화성 탐사선을 쏘아 올렸다.

미국 항공우주국NASA을 중심으로 내공을 쌓아가던 미국은 매리너 4호Mariner 4를 발사해서 화성의 사진을 찍었는데, 아주 좁은 영역이었음에도 충격적인 결과를 맞이했다. 매우 낮은 대기압은 그렇다 쳐도, 수많은 분화구와 바위들 그리고 말라버린 표면이 담긴 사진에는 생명의 기운이 전혀 느껴지지 않았다. 황폐한 죽음의 땅이었던 것이다. 포기하지 않고 매리너 9호Mariner 9가 다시 화성 주위를 돌기 위해 출발했는데, 이를 통해 이번에는 화성 표면의 대부분을 지도로 만들었다. 넓게 보니 삼각주처럼 물로 인해 만들어진 지형도 있었고, 구불구불한 수로나 계곡, 협곡의 흔적도 발견할 수 있었다.

생각보다 나쁘지 않은 성과에 다시 한번 희망 고문을 당하며, 이번엔 생명체 탐사를 주 임무로 하는 바이킹 1호 Viking 1가 출동했다. 지구와 화성 사이의 먼 거리로 통신을 주고받는 시간이 지연되다 보니 탐사선이 화성 대기권 진입 후 표면에 착륙할 때까지 홀로 모든 과정을 해내야 했으나, 다행히 결과는 성공이었다. 다만 아쉽게도 생명체의 흔적이나 존재 징후는 찾지 못했고, 아무런 의미가 없는 이상한 기체를 발견한 게 전부였다. 뒤를 이어 바이킹 2호 Viking 2 역시 화성의 지진 활동을 감지하고 화성의 위성인 데이모스의 사진을 최초로 찍는 데 성공했지만, 여전히 화성의 생명체를 발견하는 탐사선의 본래 임무에는 진전이 없었다.

멈추지 않고 꾸준히 화성으로 향하는 인류

사실상 본래의 목적을 달성하지 못한 화성 탐사에는 변화의 바람이 불었다. 막대한 예산을 쏟아붓던 과거와 달리 가성비를 따지게 된 것이다. 혁신을 위해 젊은 과학자들로 조직이 구성되었고, 불필요한 업무 대신 효율성을 따지며 첫 임무인 패스파인더Pathfinder가 시작되었다. 정신 나간 계획이라고 비난받으면서도 수십 개의 에어백을 이용한 혁신적인 착륙 방법을 시도했고, 1997년 패스파인더와 자그마한 첫 번째 이동식 탐사선 소저너Sojourner가 성공적으로 화성에 발 딛는 모습이 실시간으로 송출되었다. 하늘을 향해 펼쳐진 패스파인더와 느리지만 분주히 움직이던 소저너는 과거 화성이 따뜻했었고, 여러 번 대홍수가 있었다는 증거를 발견했다.

유럽우주국ESA도 처음으로 화성에 눈을 돌리기 시작했다. 화성 주위를 도는 마스 오비터Mars Orbiter와 착륙선 비글 2호Beagle 2로 구성된 마스 익스프레스Mars Express를 발사했는데, 비글 2호는 착륙 직후 실종되었으나 마스 오비터는 화성 남극의 얼음과 대기 중의 메탄을 발견했다. 메탄은 햇빛에 의해 분해되기 때문에 일반적으로 금방 사라지는데, 이게 남아 있다는 건 어디선가 만들어지고 있다는 뜻이었기에 생명체가 있을지도 모른다는 기분 좋은 상상을 할 수 있게 되었다.

그사이 미국은 쌍둥이 화성 탐사 로봇 스피릿Spirit과 오퍼튜니티Opportunity를 준비했다. 착륙 직후부터 우여곡절이 많았지만, 결과적으로 목표 수명을 훌쩍 넘어 물의 존재를 알리는 수많은 사진과 분석된 정보들을 지구로 보내주었다. 혹시나 실수로 발동된다면 문제가 될 수 있어서 임무

종료 기능 자체를 넣지 않았는데, 바퀴 한쪽이 고장 나서 전진이 어렵게 되자 후진으로 탐사했고, 아예 움직일 수 없게 되었을 때는 멈추어 서서 통신이 완전히 중단될 때까지 인류를 위해 임무를 수행했다. 이들의 끈기와 열정은 만화나 소설에서 다양한 형태로 소개되어 사람들에게 깊은 감동을 주었다. 이어서 미국에서 네 번째로 보낸 화성 탐사차 큐리오시티Curiosity가 발사되었는데, 장착된 드릴로 암석을 뚫어 지표 아래 물이 흐른 흔적을 발견했다. 로봇 팔 끝에 카메라를 달아 셀프 카메라를 찍거나 더욱 자유롭게 화성을 촬영했고, 상층운이 생기기 힘든 화성의 환경에서 일몰 직후 하늘 높이 떠다니는 구름의 사진을 찍어 지구로 보내주기도 했다.

2021년 2월에는 퍼서비어런스Perseverance라는 화성 탐사차가 화성 궤도에 진입했고, 생명체의 흔적을 찾을 가능성이 가장 높은 분화구에 착륙했다. 4월에는 이산화탄소를 산소로 바꾸는 장비로 화성의 대기에서 산소를 뽑아내는 실험을 처음으로 성공했는데, 우주비행사 한 명이 10분 동안 호흡할 수 있는 산소를 1시간 동안 뽑아냈다. 드디어 산소 자급자족의 시대가 열린 것이다. 퍼서비어런스와 함께 도착한 인제뉴어티Ingenuity라는 소형 무인 헬리콥터는 화성 지상에서 처음으로 비행에 성공했으며, 이는 인류가 만든 동력 비행기가 지구 밖 천체에서 비행한 최초의 기록으로 남았다. 이 무인 헬기의 첫 성공은 관측상의 한계를 벗어나는 새로운 관점을 제시해, 향후 화성 탐사의 방식에 많은 영향을 줄 것으로 기대된다.

일부 국가가 거의 독점하다시피 했던 화성 탐사에는, 이제 몇몇 다른 나라들도 눈을 돌리고 있다. 여전히 임무를 수행하고 있는 인도의 화성 궤도선 망갈리안Mangalyaan 이후로, 아랍에미리트도 아말Amal이라는 화성 탐사선을 발사했고, 중국도 하늘에 묻는다는 의미를 지닌 톈원 1호天問1를 성공적으로 화성의 유토피아 평원에 착륙시켰다.

지구에서처럼 화성에서도 살 수 있을까

꾸준히 화성으로 탐사선이 날아가고 있지만, 유인 탐사는 여전히 쉽지 않은 과제다. 서바이벌 오디션으로 화성행 편도 승차권을 준비한 기업도 있었지만, 부족한 예산이나 기술력 등 여러 가지 문제로 파산했다. 오늘날 화성 탐사는 과거 달 탐사처럼 단순히 미지의 땅을 밟아보려는 호기심의 수준을 넘어, 언젠가 인류의 피난처가 될 수도 있겠다는 관점으로 접근하고 있다. 생명체가 존재할 가능성이 있지만, 현재 화성의 환경은 생명체에게 매우 혹독하다. 방사선이나 모래 폭풍은 어떻게든 견딘다고 해도, 대기의 95퍼센트가 이산화탄소라 일단 호흡부터 불가능하다. 그래서 화성의 환경을 지구처럼 바꾸는 테라포밍terraforming이 중요하다.

화성에서 우리가 숨 쉴 수 있는 공기와 마실 물 그리고 따뜻한 기후를 만들어 낼 수 있을까? 어쩌면 SF 소설에나 등장할 법한 비현실적인 연구로 보이기도 하지만, 과학자들은 기대 이상으로 구체적인 가능성과 한계를 제시하고 있다. 대기를 조성하기 위해 암모니아와 물이 풍부한 소행성에 로켓을 달아 화성에 충돌시키자는 아이디어부터, 화성의 극지방에 수많은 핵미사일을 떨어뜨려 갇혀 있던 이산화탄소를 방출하자는 과격한 주장도 나왔다. 미국 애리조나대학교 연구팀은 대형 반사경을 설치해 극한의 추위를 해결하는 방안을 고민했는데, 화성 궤도에 너비가 거대한 반사경 수백 개를 이어 붙여서 태양에너지를 반사하면 일부 지역의 표면 온도를 20도까지도 끌어올릴 수 있다는 것이었다. 가장 이상적인 방법은 지구처럼 식물의 광합성을 통해 산소를 생성하는 것인데, 국제우주정거장International Space Station에서 고작 상추를 키우는 일도 보통 노력이 들어가는 게 아니라는 걸 생각해 보면 결코 만만한 방법은 아니다.

테라포밍에는 굉장히 오랜 시간이 소요되기도 한다. NASA에서 지난 2012년에 발표한 바에 따르면 화성의 대기압을 높이는 데 90년, 얼어 있는 빙하를 녹여 물을 얻는 데 120년, 행성 기온을 올리는 데 150년, 식물을 심고 키우

NASA에서 지난 2012년에 발표한 바에 따르면
화성의 대기압을 높이는 데 90년, 얼어 있는 빙하를
녹여 물을 얻는 데 120년, 행성 기온을 올리는 데
150년, 식물을 심고 키우는 데 50년, 화성 정착지
건설에 70년, 다 더하면 총 480년이 소요된다.

는 데 50년, 화성 정착지 건설에 70년, 다 더하면 총 480년이 소요된다. 사실 화성에 인류가 거주한다는 건 해결할 문제가 많이 쌓여 있어 불가능에 가깝다. 지구가 황폐해진다면 사막이나 극지방, 혹은 바닷속에 인간의 거주지를 만드는 게 오히려 현실적일 수 있다. 하지만 인류는 언제나 심각한 상황에서도 매우 작은 가능성을 찾아냈다. 아직 범지구적인 기후 문제가 생존을 위협할 정도는 아니다. 하지만 꾸준히 위기의식을 갖고 지금처럼 화성에 대한 탐사를 멈추지 않는다면, 언젠가 푸르게 노을 지는 화성에 서서 붉은 노을을 그리워하며 추억에 잠길 수도 있지 않을까. 영화 〈인터스텔라〉의 브랜드 박사가 에드먼즈 행성에서 그랬던 것처럼 말이다.

현실에서 벌어질지도 모를
영화 속 한 장면

한여름 밤의 꿈처럼 흘러가는 유려한 곡선

뜨거운 해가 지고 선선한 바람이 부는 하늘이 어둠으로 물들면, 북쪽 밤하늘에 귀여운 녀석이 풀어헤친 머리를 들이민다. 맨눈으로도 보이는 외로운 우주의 여행자, 니오와이즈 혜성이다. 이 녀석을 처음 발견한 우주망원경 니오와이즈NEOWISE의 이름을 따서 부르기는 하지만, 정식 명칭은 'C/2020 F3'이다. 이 복잡한 이름은 어디서 왔을까. 우선 맨 앞의 'C'는 다시 돌아오는 혜성의 주기가 200년이 넘어, 앞으로 우리의 남은 일생 동안 다시 만날 수 없다는 말이다. 그보다 짧은 주기라 또 볼 가능성이 있으면 'P'를 붙여준다. 바로 그다음에 오는 숫자와 문자는 발견된 시기와 순서다. 1년을 24등분한 뒤, 구간별로 알파벳을 붙이면 F는 여섯 번째 구간이 된다. 결과적으로 니오와이즈 혜성은 2020년 3월 중순 이후에 세 번째로 발견된 장주기 혜성이라는 걸 알 수 있다. 그리 중요하진 않지만, 간단한 암호 해독에 성공한 셈 치자.

　　과거 혜성은 조화로운 태양계에 불쑥 침입하는 미지의

뜨거운 해가 지고 선선한 바람이 부는 하늘이
어둠으로 물들면, 북쪽 밤하늘에 귀여운 녀석이
풀어헤친 머리를 들이민다. 맨눈으로도 보이는
외로운 우주의 여행자, 니오와이즈 혜성이다. 정식
명칭은 'C/2020 F3'이다.

존재였다. 예상치 못한 상황은 누구도 반기지 않았으며, 그래서 늘 불길한 재앙의 징조로 여겨졌다. 심지어 로마의 네로 황제는 혜성이 나타나자 두려움을 느끼며 자신의 위치를 위협할 만한 모든 귀족을 전부 처형했다고 한다. 하지만 뉴턴의 절친한 친구이자 영국의 천문학자 에드먼드 핼리Edmond Halley는 혜성 역시 일정한 주기로 어딘가를 돌고 있는 천체일 뿐이며, 궤도만 알아내면 이를 계산해 언제 돌아올지도 알 수 있으니 별것 아니라는 견해를 밝혔다. 그리고 그가 세상을 떠난 지 17년 후, 생전에 예측한 시기에 사람들은 밤하늘을 수놓은 한 줄기 빛을 보았다. 바로 핼리 혜성이었다.

평생 이루어 낸 수많은 업적들보다 핼리 혜성의 발견으로 사람들의 기억에 남았지만, 그의 이름을 딴 혜성보다 유명한 혜성은 아직 없다. 핼리 혜성의 유명세에 묻힌 녀석들 중에는 보름달보다 60배나 밝아 대낮에도 보일 정도였지만 발음할 때 조심해야 하는 이케야-세키 혜성(C/1965 S1)이 있었고, 역사상 가장 긴 꼬리를 늘어뜨리며 지평선을 가로지른 햐쿠타케 혜성(C/1996 B2)도 있었다.

혜성comet은 종종 소행성asteroid이나 유성meteor과 헷갈린다. 우선 유성은 혜성이나 소행성에서 떨어져 나온 녀석이 태양계를 떠돌다 지구 중력에 이끌려 대기로 들어오면서 빛나는 것이다. '별똥별shooting star'이라고 부르기도 하며, 게임이나 만화의 소환사들이 온 힘을 짜내 적 위로 떨어뜨리는 것도 바로 이것이다. 물론 대부분은 지상까지 도달하지 못하고 전부 타버리기 때문에 공격력이 그다지 높지 않지만, 혹시 타고 남은 유성이 지상까지 도달하면 '운석meteorite'이라고 부른다. 소행성은 목성 궤도 안쪽에서 태양 주위를 공전하는 수많은 천체를 말하며, 시트콤〈감자별 2013QR3〉에서는 하마터면 지구를 멸망시킬 뻔하기도 했다. 꽤 길었던 공룡의 장기 집권을 종결시켰던 대멸종의 가장 유력한 후보라, 실제로 미국 항공우주국에서는 요주의 천체로 위험성을 주시하고 있다.

혜성 역시 소행성처럼 태양 곁을 돌고 있기는 하지만, 매우 길쭉한 타원궤도를 그린다. 주성분이 얼음과 먼지라, 가끔 태양 근처를 지나가며 표면의 얼음이 녹으면서 궤도 위에 먼지를 흩뿌린다. 이게 바로 하얗고 밝게 빛나는 혜성의 먼지 꼬리다. 사실 꼬리가 하나 더 있는데, 태양에서 나온 입자들인 태양풍이 혜성에 부딪혀서 만들어진 것이다. 이때 발생한 고에너지의 이온들은 다시 태양풍이 흘러가는 대로 따라간다. 그래서 태양이 있는 방향과 정반대의 방향으로 뻗어나가는 푸른 꼬리가 생기는데, 이를 '이온 꼬리ionic tail'라고 부른다. 맨눈으로는 먼지 꼬리가 훨씬 잘 보이긴 하지만, 어느 쪽이든 실제로 보는 것은 꿈만 같은 일이다.

아직 일어나지 않은 애니메이션 영화 속 혜성 충돌

특유의 화려한 효과로 '빛의 마술사'라 불리는 일본의 신카이 마코토 감독은 2016년 혜성 충돌로 사라지는 마을을 소재로 한 장편 애니메이션 영화 〈너의 이름은Your Name〉을 선보였다. 간단한 줄거리는 이렇다. 시골 어느 작은 마을의 소녀와 도시에 사는 소년이 있었다. 어떤 계기로 둘의 몸이 바뀌게 되고, 몸이 여러 번 바뀌는 도중 1,200년 주기로 찾아오는 티아마트 혜성이 작은 마을을 덮친다. "그날, 별이 무수히 쏟아지던 날, 그것은 마치 꿈속 풍경처럼, 그저 한없이 아름다운 광경이었다." 과연 그들은 시공간을 뛰어넘어 소녀의 마을을 구할 수 있을까? 물론 티아마트 혜성은 실제로 존재하지 않는 가상의 천체다. 이 혜성의 질량이나 크기, 속도를 정확하게 알 수는 없지만, 15층 아파트만 한 우주 물체가 지상으로 떨어졌을 때 도시 하나가 파괴되는 수준이니 적당히 추측해 볼 수는 있겠다. 1908년 러시아의 퉁구스카 지역에 30미터 크기의 소행성이 공중에서 폭발하는 바람에 수천 킬로미터 지역이 초토화된 적이 있다. 2013년에는 러시아 첼랴빈스크에 떨어진 소행성의 잔해로 수천 명이 다쳤다. 거대한 종합 운동장만 한 크기의 천체가 떨어지면 국가가 사라지고, 수 킬로미터급 천체라면 문명을 다시 시작해야 할지도 모른다. 다행히 인류가 지구에 자리 잡은 이후로 지금까지 그만한 위기가 닥친 적은 없다. 태양 절반 크기의 거대한 항성이 태양계로 접근하고 있으며, 예상대로 도착한다면 수많은 혜성과 소행성들이 거대한 항성의 중력을 따라 지구로 쏟아질지도 모른다는 예측이 논문으로 나온 적 있긴 하지만, 130만 년이나 지난 이후에나 일어날 수 있는 이야기라 일단 한동안은 괜찮다.

너의 이름만큼이나 잊지 말아야 할 소중한 사실

2004년 3월, 유럽우주국의 로제타호가 발사되었다. 그리고 11년간 여러 행성과 소행성으로 인한 중력의 도움을 받아 65억 킬로미터를 비행했고, 무려 10년이 지난 후에야 최종 목적지에 도착했다. 바로 추류모프-게라시멘코 혜성 67P이었다. 엄청난 속도로 날아가는 혜성을 따라잡아 그 위에 직접 무언가를 착륙시키겠다는 정신 나간 아이디어가 현실이 된 것이었다. 달리는 기차 위에 올라타기도 쉽지 않을 법한데, 심지어 날아가는 총알 위에 다른 총알을 묻고 더블로 간다니. 아쉽게도 로제타호에서 분리된 탐사 로봇 필레는 착륙 과정에서 두 번이나 튕겨 나와 그늘진 어둠 속으로 굴러갔고, 태양 빛을 받지 못해 완전히 방전된 채 쓸쓸히 잠들었다. 하지만 기적이 일어났다. 혜성이 태양으로 접근하자, 7개월 만에 깊은 잠에서 깨어나 귀중한 사진과 정보를 보내온 것이다. 애초 불가능에 가까운 임무였지만, 잠깐이나마 필레는 목적에 따라 힘겹게 움직였고 결국 인류는 해냈다. 왜 굳이 이렇게 말도 안 되는 무모한 도전에 긴 시간과 많은 인력을 들였을까? 혜성이 지구를 위협하는 존재인 것은 사실이지만, 동시에 지구 생명체의 근원이 어디서 왔는지 그 비밀을 풀어줄 열쇠이기 때문이다.

애니메이션에서 감독은 소년과 소녀가 소중한 사람을 지키기 위한 마음과 함께 성장해 나가는 과정을 섬세하게 묘사했다. 두 주인공은 동분서주하는 와중에도 마지막까지 서로의 이름을 잊지 않기 위해 필사적으로 노력한다. 하지만 잊지 말아야 할 건 서로의 이름만이 아니다. 우리가 어디서 왔으며, 어떻게 지구에서 살게 되었고, 겨우 얻은 이 기회를 어떤 방식으로 보내야 하는지를 반드시 알아내고 기억해야 한다. 다시 만나려면 무려 6,800년을 기다려야 하는 니오와이즈 혜성이 지구에 가장 가깝게 접근하는 날은 2020년 7월 23일이었다. 다만, 태양으로부터 점차 멀어져 지구로 다가오는 것이다 보니 밝기가 점점 줄어들어 잘 보이지 않았을지도 모르겠다. 하지만 보이지 않아도 절대 잊지 말아야 한다. 1,000년 만에 다가오는 혜성 덕분에 몸이 바뀌거나 시간 여행을 하게 되지는 않더라도, 이미 우리는 혜성 덕분에 태어났고 살아왔다. 옆 사람도 보이지 않는 칠흑 같은 밤, 지구와 점점 가까워지는 혜성들을 올려다보며 한 번쯤 손을 흔들어 감사의 인사를 전해보는 건 어떨까. 기억할게, 너의 이름은.

우주를 보는 새로운 방법을
준비하는 인류

새로운 인류의 눈으로 포착한 우주의 얼굴들

우주를 펼쳐볼 시간이다. 2022년 7월 12일, 미국 항공우주
국에서는 허블 우주망원경의 뒤를 잇는 제임스 웹 우주망
원경의 첫 번째 사진을 공개하기에 앞서 영화 트레일러처
럼 사전 제작된 홍보 영상을 먼저 공개했다. 심지어 전 세
계인에게 익숙한 천문학자 칼 세이건Carl Sagan의 음성을
인공지능으로 재현해 영상의 도입부부터 가슴을 울리며,
단어 하나하나 주옥같이 조합된 문장들로 시청자 모두를
이제 막 탐험을 떠나는 여행자로 만들었다. 게다가 조 바
이든 미국 대통령까지 나서서 별과 은하가 담긴 사진 한 장
을 백악관 행사에서 미리 공개하며 역사적인 날이라고 선
포할 정도였다. 이는 지구로부터 46억 광년 떨어져 있는
SMACS 0723이라는 은하단의 사진으로, 그 전까지 찍힌
사진들 가운데 가장 고해상도의 적외선 우주 사진이었다.
제임스 웹 우주망원경에 탑재된 근적외선 카메라로 총 12
시간 30분 동안 촬영된 이 이미지는 아무것도 없는 허공을
촬영해 서로 다른 파장의 영상을 합성했다. NASA 관계자

의 말대로, 이 광활한 우주의 조각은 미세한 모래처럼 하늘을 덮고 있다.

여전히 제대로 된 감동이 느껴지지 않는다면, 우주망원경에 관한 이야기로 다시 돌아가 보자. 일반적인 천체망원경의 역할은 우주를 찍는 것이다. 하지만 지상에서는 구름이 시야를 가리거나 불필요한 광원이 많아 원하는 만큼 관측이 이루어지지 않는 경우가 잦다. 이러한 문제를 해결하는 가장 좋은 방법은 망원경을 우주로 가지고 나가서 촬영하는 것이다. 가장 유명한 우주망원경은 미국의 천문학자 에드윈 허블Edwin Hubble의 이름을 딴 허블 우주망원경이며, 당연히 지구에서보다 고품질의 천체 사진들을 수월하게 얻을 수 있다. 온라인으로 검색했을 때 나오는 화려한 우주 사진 중에는 허블 우주망원경으로 찍은 천체가 많다.

독일의 천문학자 요하네스 케플러Johannes Kepler의 이름이 들어간 케플러 우주망원경이나 윌리엄 허셜과 캐롤라인 허셜Caroline Herschel 남매의 이름이 포함된 허셜 우주망원경도 있지만, 이제는 2021년 12월에 우주로 떠난 제임스 웹 우주망원경이 인류 역사상 가장 큰 우주망원경이 되었다. 기존 우주망원경의 이름 대부분이 과학자의 이름에서 따온 것과 달리, 제임스 웹 우주망원경에는 미국 항공우주국의 제2대 국장을 맡은 행정가 제임스 에드윈 웹James Edwin Webb의 이름이 들어갔다. 전통을 따르지 않아 우려도 있었으나, 우주망원경이라는 초대형 임무를 수행하는 과정 전반에서 핵심적인 역할을 했다는 평이 있어서 제안이 통과되었다.

이토록 모두의 기대를 가득 안고 우주로 향한 제임스 웹 우주망원경이 첫 번째 사진을 공개하는 순간이 찾아왔다. 이미 관측하기 좋은 위치에 자리를 잡아 18개의 거울을 세밀하게 정렬했고, 큰곰자리 쪽에서 밝게 빛나는 항성을 테스트 이미지로 촬영하면서 10억분의 1미터 수준으로 미세하게 초점을 조정했다. 빌 넬슨Bill Nelson 미국 항공우주국 국장은 제임스 웹 우주망원경에 대해 인류를 우주의 시점으로 데려갈 타임머신이라고 말했고, 과학자들 역시 섣불리 기대할 수조차 없었던 새로운 무언가가 발견되리라고 기대하는 중이었다. 이제 준비는 모두 끝났다. 드디어 한국 시간으로 2022년 7월 12일 밤 11시 30분부터 약 1시간 동안, 우주망원경이 첫 번째 빛을 관측하는 과정에서 찾아낸 컬러 이미지와 분광 자료가 공개되었다.

25년 만에 우주로 올라간 초대형 우주망원경

총예산에서 11조 원이나 더 들었던 제임스 웹 우주망원경이 처음 기획된 건 1996년이었다. 원래 2007년에 우주로 올라갈 예정이었으나, 늘어나는 예산 부담으로 몇 년 만에 취소 직전까지 갔다가 다행히 중단되지 않고 2021년 12

월 크리스마스에 발사되었다. 끊임없이 발사가 연기된 이유는 아주 작은 문제조차 허락되지 않는 초대형 프로젝트였기 때문이다. 허블 우주망원경도 우주로 올라가서 처음 찍은 사진에서 뿌옇게 보이는 문제가 있었는데, 주 반사경의 구면수차로 인해 빛이 정확하게 한 점에 모이지 않았기 때문이었다. 머리카락 두께의 50분의 1 정도의 미세한 광학 장치의 오차를 바로잡기 위해 우주왕복선을 올려 수리했고, 현재까지도 이런 방식으로 크고 작은 고장을 고치며 본래 설계 수명인 15년을 훌쩍 넘겨 30년 넘도록 꾸준히 잘 쓰고 있다.

그런데 제임스 웹 우주망원경은 아주 먼 곳에 자리를 잡고 있기 때문에, 누군가가 올라가서 직접 수리를 하는 것이 거의 불가능하다. 결국 완벽한 우주망원경을 만들어서 우주로 내보내야 한다는 것이며, 발사 자체가 쉴 새 없이 연기되었던 이유도 여기에 있었다. 꽤 오랜 시간이 흘러 더는 미룰 수 없는 순간이 찾아왔고, 결국 성공적으로 발사된 제임스 웹 우주망원경은 지구에서 달까지의 거리보다 4배나 멀리 떨어진 150만 킬로미터 거리의 L2 포인트로 갔다. 이곳은 천문학자 조제프 루이 라그랑주Joseph Louis Lagrange의 이름을 따서 '라그랑주 점Lagrangian point'이라 불리는데, 일종의 중력 평형점이다. 일단 여기에 놓이면 공전하는 두 천체 사이에서 중력과 원심력을 이용해 마치 정지된 것

제임스 웹 우주망원경은 지구에서 달까지의
거리보다 4배나 멀리 떨어진 150만 킬로미터
거리의 L2 포인트로 갔다. 이곳은 천문학자 조제프
루이 라그랑주의 이름을 따서 '라그랑주 점'이라
불리는데, 일종의 중력 평형점이다.

처럼 안정된 위치를 유지할 수 있다. 태양과 지구, 두 천체의 주변에도 라그랑주 점이 5개나 있는데, 두 번째 라그랑주 점인 L2 포인트 부근에서 지구와 태양이 당기는 힘을 적절히 활용해 지구와 비슷한 주기로 태양 주위를 도는 것이다. 그리고 7월 6일, 제임스 웹 우주망원경 연구팀은 인류 최대의 관측 기기로 촬영한 붉은색의 예고편 이미지를 처음으로 공개했다.

심지어 공식 관측 장비가 아니라 제임스 웹 우주망원경의 관측을 도와주는 정밀 가이드 센서Fine Guidance Sensor, FGS라는 장비로 8일 동안 여러 장을 촬영했는데, 이렇게 찍힌 사진조차 허블 우주망원경이 그간 보여준 우주보다 훨씬 깊고 경이로운 우주를 드러냈다. 말하자면 오랫동안 똑같은 핸드폰을 사용하다가 처음으로 최신형 핸드폰을 구매했는데, 신나는 마음에 상대적으로 화질이 많이 떨어지는 전면 카메라로 시험 삼아 셀카를 한번 찍어본 상황이다. 그런데 이 사진조차 기존의 핸드폰 카메라와는 비교조차 되지 않을 정도로 경이로운 해상도를 보여주었고, 더 탁월한 성능을 지닌 후면 카메라는 과연 얼마나 굉장한 화질을 보여줄지 기대하지 않을 수 없다.

우주에서는 거리를 시간으로 표현한다. 우리 역시 예정된 목적지에 도착할 때까지 거리가 얼마나 남았는지 묻는 전화에, 몇 분이 남았는지 시간으로 답한다. 거리와 시간이 교차하는 상황은 우주처럼 드넓은 공간에서 사용하기 더욱 편리하다. 우리는 더 멀리 볼수록 과거를 보며, 파장이 긴 적외선으로는 훨씬 더 멀리까지 볼 수 있다. 그래서 제임스 웹 우주망원경은 허블 우주망원경보다 더 먼 과거를 볼 수 있고, 최초의 별이나 은하를 연구할 수도 있으며 이들이 어떻게 형성되고 죽어가는지, 그리고 외계 생명체 탐사나 생명의 기원도 연구할 수 있다. 수많은 과학자의 기대와 염원을 한 몸으로 받아낸 제임스 웹 우주망원경은 아주 희미한 천체들도 빠뜨리지 않고 꼼꼼하게 담아낼 텐데, 이제 공식적인 첫 번째 사진이 공개될 차례가 다가오고 있었다.

제임스 웹 우주망원경이 보여줄 경이로운 미래

7월 12일에 첫 번째 이미지를 공개하기 전, 제임스 웹 우주망원경이 어디에 있는 무언가를 담을지를 먼저 공개한다는 소식이 들려왔다. 놀랍게도 그 전까지 인류가 한 번도 본 적 없는 가장 깊고 먼 우주의 모습, 외계행성 대기의 분광 스펙트럼 정보, 별의 생성과 죽음 그리고 은하의 충돌을 보여주는 이미지 등은 이미 허블 우주망원경을 통해서도 관측되었던 사례들이었다. 중요한 건 이제 구형 핸드폰이나 전면 카메라가 아니라, 최신형 핸드폰의 후면 카메라로 단단히 준비해 촬영할 것이라는 점이었다. 이미 찍어본 우주의 모습이지만, 제임스 웹 우주망원경이 허블 우주망원경보다 얼마나 더 섬세하고 풍부한 정보를 담아 보내줄지 기대되는 순간이었다. 그리고 드디어 미국 항공우주국에서는 이 역사적인 순간을 생중계로 전해주었다.

공개된 사진들의 순서 역시 심우주Deep Field, 외계행성Exoplanet, 별의 종말Stellar Death, 은하Galaxy, 별의 탄생 Stellar Birth으로 구분해 긴장감을 높였다. 인류가 여태까지 관측한 이미지 가운데 가장 멀리 있는 은하를 보여주는 SMACS 0723 은하단 사진은 조 바이든 미국 대통령이 먼저 공개했다. 보이는 방향의 은하단 덕분에 발생하는 중력렌즈 효과는 마치 실제 거대한 볼록렌즈가 우주 공간에 존재하는 것처럼 시공간을 크게 왜곡시켰다. 그 결과, 원래대로라면 결코 볼 수 없었던 130억 광년 전 우주의 모습이 예쁘게 손질된 눈썹 모양처럼 분명하게 드러났다. 이러한 현상은 허블 우주망원경으로도 관측이 가능하나, 여기에 포함된 가스, 먼지, 별 등 세세한 구조를 완벽하게 담아낸 건 처음이었다.

두 번째로 공개된 사진은 지구로부터 1,150광년 떨어진 외계행성 WASP-96b의 대기 분광 데이터였다. 행성을 우리가 보기 좋은 형태로 담아낸 건 아니었지만, 분석된 결과를 통해 기체 상태의 물 분자가 확인되었다. 대기 분광 데이터를 관측하는 게 불가능하진 않았지만, 굉장히 복잡한 과정이 필요하다. 그래서 이러한 방식의 관측이 제임스 웹 우주망원경으로 과연 어느 정도까지 가능할지 반드시 시험해 볼 필요가 있었고, 이번 관측을 통해 대기 분석을 완벽하게 해내기에 충분하다는 사실을 확인했다. 식당에서 여럿이 회식을 하고 영수증을 받을 때, 기존에는 간단히 테이블당 금액 정도만 확인할 수 있었지만 이제는 누가 뭘 얼마나 먹었는지까지도 아주 세세하게 찾아낼 수 있게 되었다는 말이다. 이제 '제2의 지구'로 불리던 행성들을 제임스 웹 우주망원경으로 하나씩 찾아 나선다면, 지금까지의 관측과는 차원이 다른 놀라운 사실들이 확연히 드러나리라 기대한다.

죽어가는 별의 모습을 포착한 세 번째 사진, 여러 은하가 모여서 연주를 하는 네 번째 사진 그리고 별이 탄생하는 마지막 사진도 순차적으로 공개되었다. 남쪽 고리성운 Southern Ring Nebula은 태양 정도의 질량을 가진 별이 죽어가며 흔적을 남긴 행성상 성운인데, 진화의 마지막 단계에서 거대한 가스가 얼마나 아름답게 뿜어져 나왔는지를 상세히 확인할 수 있었다. 또한 성운의 중심에 존재하는 별이 홀로 죽어가는 것이 아니라 그 옆의 더 젊은 별과 함께 있다는 사실도 확인했다. 희미한 별의 종말은 전혀 외롭지 않았고, 새로운 희망이라는 별과 함께 우주를 돌고 있었다.

다섯 은하가 모여 '스테판의 오중주 Stephan's Quintet'라

불리는 지역도 놀라움을 금할 수 없었다. 1787년에 발견된 은하군에는, 1개의 은하가 그 뒤의 4개의 은하들과 달리 그들과 완전히 동떨어져 있다는 놀라운 비밀이 숨겨져 있다. 네 친구가 사진을 찍는 도중 길을 가던 다른 친구가 우연히 카메라에 들어온 상황이다. 엄청난 해상도를 지닌 제임스 웹 우주망원경은 은하들이 활발하게 서로 끌어당기며 상호작용 하는 놀라운 모습을 섬세하게 잡아냈다.

마지막 사진은 찬란한 별의 탄생을 보여주는 카리나 성운Carina Nebula이다. 일종의 거대한 우량아 별 산후조리원이라고 볼 수 있으며, '용골자리 성운NGC 3324'이라고도 불린다. 위쪽에 존재하는 젊은 별들이 내뿜는 복사에너지로 인해 먼지와 가스가 아래쪽으로 밀려나면서 마치 거대한 산맥과 같은 모습을 보이는데, 심지어 먼지로 만들어진 봉우리 안쪽까지 자세히 보여서 마치 요람에서 배냇저고리로 꽁꽁 감싸고 있던 아이의 고사리손과 얼굴을 처음 확인하는 것과 같은 환상적인 순간을 선보인다.

1827년에 촬영된 세계 최초의 사진 「그라의 창문에서 바라본 조망Point de vue du Gras」을 찍기 위해 니엡스라는 사진가는 장장 8시간 동안 상을 고정하고 기다렸다. 우리는 최종 보정이 끝난 결과물만 보기에 별다른 차이를 느끼지 못할 수도 있지만, 실제로는 그사이 엄청난 혁신이 일어났다. 지금은 한 장의 사진을 얻기까지 1초도 걸리지 않는다.

심지어 해상도도 과거와는 비교할 수조차 없다. 그리고 이것이 허블 우주망원경과 제임스 웹 우주망원경의 분명한 차이다. 미국 항공우주국의 과학 담당 부국장은 제임스 웹 우주망원경이 찍은 이미지들이 단순한 사진이 아니라 새로운 세계라고 평했다. 하지만 앞으로 인류의 새로운 눈이 선보일 미래는 우리의 상상을 훨씬 뛰어넘을지도 모른다. 우리가 원하는 바를 알고자 한다면 우리 스스로 찾아 떠나야 한다고 말하는 칼 세이건의 음성처럼, 가치 있는 목표를 향해 한 걸음씩 나아가는 인류의 일원이 되어 흥분을 감추지 말고 크게 소리 질러보자. 우리가 사는 곳과 아는 것 그리고 시간 그 너머에 닿을 수 있도록 말이다.

4부

최종 이론이라는 아름다운 꿈

시간을 달리는 소녀는
세상을 어떻게 볼까

노벨상도 받지 못할 만큼 어려운 아인슈타인의 특수 상대성이론

2007년에 개봉한 극장용 애니메이션 〈시간을 달리는 소녀 The Girl Who Leapt Through Time〉의 주인공은 열심히 뛰어서 과거로 돌아간다. 물론 현실에서도 시간의 흐름을 반대 방향으로 돌릴 수 있을지 확신은 없지만, 적어도 달리는 속력으로 인해 시간이 느리게 흐를지도 모른다. 이게 바로 특수 상대성이론special theory of relativity이다. "미녀와 함께하는 1시간은 1분처럼 흘러가고, 뜨거운 난로 위에 앉아 있는 1분은 1시간처럼 흘러간다." 아인슈타인이 했던 이 말은 사실 매우 왜곡된 설명이다. 여기서 나오는 시간의 상대성은 인지과학에서 이야기하는 개념이며 물리학에서의 상대성과는 차이가 있다. 그렇다면 왜 이렇게 설명했을까? 간단하다. 상대성이론이 너무 어렵기 때문이다. 당시 최대한 쉽게 설명해 달라는 사람들의 요구에 어쩔 수 없이 이렇게 설명했다고 한다. 그만큼 어렵다.

'상대성이론' 하면 모두가 아인슈타인을 떠올리겠지만, 실제로 아인슈타인이 상대성이론에 도달하기까지는 수많은 과학자의 노력이 있었다. 한 가지 예로, 참신한 아이디어로 종교재판까지 받으면서도 지구가 돈다고 믿었던 갈릴레오의 고민이 있었다. 지구가 빠르게 돌고 있다면, 왜 우리는 지구가 도는 걸 느끼지 못할까? 혹시 우리도 지구 위에 올라타서 함께 운동하고 있기 때문은 아닐까? 마치 빠르게 항해하는 배 위에서 떨어뜨린 동전이 갑판 위로 그대로 떨어지는 것처럼 말이다. 당시 갈릴레오는 놀랍게도 모든 운동이 상대적이라는 것을 알아냈다. 동전은 배에 대해서, 배는 동전에 대해서 각각 서로를 바라보며 움직이기 때문에, 배 위에서 동전을 떨어뜨리는 것만으로는 배가 정지해 있는지 움직이는지 알 수 없다는 것이다. 이처럼 정지한 상태와 운동하는 상태의 구별은 불가능하다.

고속도로에서 비슷한 속도로 달리는 옆 차를 생각해 보자. 매우 어두운 밤이라 주위 풍경이 전혀 보이지 않는다면, 차 두 대가 아무리 빨리 달리더라도 서로 정지한 것처럼 보일 것이다. 무언가 절대적으로 멈추어 있거나 움직인다는 말은 의미가 없고, 어떤 기준에 대한 상대적인 운동만이 관성 좌표계inertial coordinate system에서는 의미가 있다. 관성 좌표계가 무엇인지 간단히 설명하자면, 우선 좌표계는 물리적 현상이 일어나는 틀이다. 예를 들어, 어장을 관리하는 사람이 있을 때, 어장이 바로 좌표계이며, 관리당하는 물고기들은 어장의 특성에 따라 행동한다. 관성inertia

이라는 것은 지금 상태를 유지하려는 성질이며, 정지한 물체는 정지하고 움직이던 물체는 계속 일정한 속력으로 움직이는 틀이 바로 관성 좌표계다. 그리고 관성 좌표계 사이의 관계에 대한 이론이 바로 특수 상대성이론이다. 물론 특수 상대성이론이 바로 등장하지는 않았고, 그보다 먼저 특수 상대성이론에서 가장 중요한 녀석인 빛의 정체가 밝혀졌다.

역사상 가장 성공적인 실패를 통해 알아낸 빛의 정체

'19세기 뉴턴'이라 불리던 영국의 과학자 맥스웰James Maxwell은 당시 별개로 나누어져 있던 전기와 자기를 하나로 통합해 설명할 수 있는 방정식을 만들었다. 이게 바로 전자기파를 다루는 맥스웰 방정식이다. 그는 이 방정식을 통해 전자기파의 속력을 계산해 보았는데, 놀랍게도 그 크기는 빛의 속력과 정확하게 일치했다. 그렇다면 혹시 빛은 전자기파가 아닐까?

마침 영국의 물리학자 토머스 영Thomas Young이 빛의 파동성 실험에 성공했기 때문에, 그럴싸하게 들렸다. 하지만 빛이 전자기파라는 파동이라면, 중간에 전달을 매개하는 매질 없이는 전달될 수 없다고 생각했다. 마치 경기장에 관중이 한 명도 없다면, 파도타기 응원을 할 수 없는 것처럼 말이다. 당시 사람들은 세상 모든 만물이 흙, 불, 공기,

물, 이렇게 네 가지 원소로만 이루어져 있다고 믿었다. 그리고 여기에 빛의 매질을 추가하게 된다. 바로 다섯 번째 원소인 에테르의 등장이었다. 에테르는 우주 전체에 균일하게 퍼져 있으며, 맥스웰 방정식은 에테르가 고요하게 정지해 있는 공간에서 정확하게 들어맞는다고 생각되었다. 물론 실험적으로 검증된 적은 없었지만 말이다.

검증을 위해 나선 이들은 미국의 물리학자 앨버트 마이컬슨Albert Michelson과 에드워드 몰리Edward Morley였다. 만약 에테르가 바람처럼 흐르고 있고 빛이 에테르를 타고 움직인다면, 어떤 경로로 가는 빛과 다른 경로로 가는 빛은 에테르의 바람을 맞는 방향이 서로 달라서 둘 중 하나는 그 방향으로 약간 밀려날 것이다. 그러면 완벽하게 두 빛이 겹쳐질 수 없지 않을까? 배트맨을 부를 때 사용하는 배트 시그널을 다시 한번 가져와 보자. 배트 시그널 2개를 정확하게 같은 곳에 쏘더라도 둘 중 하나가 에테르를 타고 움직인다면, 하나의 배트 시그널로 또렷하게 보이지 않고 지저분하게 보일 것이다. 하지만 실험 장비를 어떤 방향으로 놓아도, 이러한 간섭무늬는 나타나지 않았다. 즉, 에테르가 존재한다는 증거를 전혀 찾을 수 없었던 것이다. 결국, 마이컬슨-몰리 실험은 완벽하게 실패했지만, 에테르가 없다는 사실을 알아낸, 역사상 가장 은밀하고 위대하게 실패한 실험이 되었다.

하지만 다시 문제가 생겼다. 맥스웰 방정식이었다. 맥스웰 방정식으로 계산한 빛은 갈릴레오의 상대적인 운동을 따르지 않았다. 갈릴레오는 분명히 운동에는 기준이 있다고 했으며, 절대적인 속력은 없다고 단정 지었다. 하지만 에테르뿐만 아니라 심지어 기준도 아무것도 없는 상태에서 계산한 빛의 속력은 항상 일정한 상수였다. 아주 오랫동안 진리라고 믿어온 자연법칙에 위배되는 것이었다. 끝까지 에테르를 포기하지 못했던 일부 과학자들은 맥스웰 방정식을 상황에 따라 적당히 바꾸거나 에테르 고유의 기괴한 특성을 만들어 내면서 '정신 승리' 하기 시작했다. 그때 돌파구를 찾아낸 것이 바로 아인슈타인이었다.

우주에서 가장 절대적인 자연법칙의 등장

모든 관성계에서는 동일한 물리법칙이 적용되어야 한다고 믿었던 그는, 전자기파의 특성을 설명하는 맥스웰 방정식이 상황에 따라 바뀐다는 걸 도저히 받아들일 수 없었다. 맥스웰 방정식은 언제 어디서나 동일할 것이다. 그렇다면 방정식으로 계산한 빛의 속력 역시 그렇지 않을까? 1905년, 아인슈타인은 '움직이는 물체의 전기동역학에 대하여 On the Electrodynamics of Moving Bodies'라는 제목으로 특수 상대성이론에 대한 한 편의 논문을 발표한다. 당시 아인슈타인의 나이는 불과 26세였다. 재미있는 건, 특수 상대성이론은 이름만 들어서는 매우 상대적인 이론 같지만, 어떻게 보면 하나의 절대적인 가정을 완벽하게 지켜내기 위해 그것을 제외한 모든 것을 지극히 상대적으로 바꿔버리는 이론이라는 것이다. 그 절대적인 가정은 바로 빛의 속력! 누가 어디서 관측하든, 빛은 늘 일정한 속력을 갖는다. 그리고 이를 유지하기 위해 시간과 공간이 상대적으로 바뀌는 것이 바로 상대성이론이다.

고전역학에서는 시간과 공간이 절대적이었다. 뉴턴의 운동 법칙은 절대적인 시간 속에서 절대적인 공간을 누볐다. 이걸 건드리는 것은 과학자들에겐 일종의 금기였다. 네덜란드의 물리학자 로런츠Hendrik Lorentz 역시 이에 동의했는데, 마이컬슨과 몰리가 에테르를 찾는 데 결국 실패하자 그는 물체가 에테르 속에서 운동할 때 길이가 줄어든다고 주장했다. 그리고 이 가정을 통해 로런츠 변환Lorentz transformation이라는 새로운 좌표 변환 방법을 만들었다. 맥스웰 방정식이 변하지 않고 잘 맞는 방법이었다. 하지만 에테르에 너무 집착한 나머지 특수 상대성이론까지 나아가지는 못했다. 밀레니엄 난제로 유명한 앙리 푸앵카레Henri Poincare는 로런츠 변환을 확장해 해석했다. 고전역학이 근본적으로 바뀌어야 한다고도 생각했지만 역시나 에테르의 존재를 믿었고, 시간과 공간이 얽혀 있다는 의미를 찾아내지는 못했다.

아인슈타인은 훨씬 더 과감했다. 모든 것이 변화한다는 사실 말고는 변하지 않는 것은 없다던 그리스의 철학자 헤라클레이토스처럼, 시간과 공간은 인간이 이해할 수 있게 만들어진 편리한 개념일 뿐이며 절대적인 우주의 본질은 아니라고 생각했다. 오히려 빛의 속력이야말로 우주에 존재하는 보편적인 질서이며, 우리는 신이 만든 이 불변의 언어를 이해하기 위해 시간과 공간이라는 번역을 거쳐야 한다. 아인슈타인은 빛의 속력을 최초로 번역한 물리학자로, 그 과정에서 복잡하게 얽힌 시간과 공간을 하나로 통합해 4차원의 시공간으로 만들었다.

1908년 독일의 수학자 헤르만 민코프스키Hermann Minkowski는 과학자 모임에서 이런 연설을 남겼다. "앞으로 시간과 공간은 마치 그림자처럼 사라질 것이며, 오직 그 둘이 합쳐진 시공간만이 독립적인 실체로 남을 것이다." 특수 상대성이론을 쉽게 표현하는 기하학적 방법인 민코프스키 시공간의 탄생이었다. 이제 우리는 모두 시간과 공간이 서로 분리되어 있지 않다는 것을 알고 있다. 또한, 아인슈타인의 유명한 식인 질량과 에너지의 관계도 여기서 나왔다. 고전역학에서는 정지한 물체가 에너지가 있다는 건 말도 안 되는 이야기였지만, 특수 상대성이론에 따르면 정지해 있어도 질량만 있다면 에너지를 갖는다.

"앞으로 시간과 공간은 마치 그림자처럼 사라질 것이며, 오직 그 둘이 합쳐진 시공간만이 독립적인 실체로 남을 것이다." 특수 상대성이론을 쉽게 표현하는 기하학적 방법인 민코프스키 시공간의 탄생이었다.

달리는 소녀와 달리지 않는 소년이 보는 세상

사실 〈시간을 달리는 소녀〉는 특수 상대성이론이 접목된 애니메이션일 수도 있다. 소녀가 빨리 달린다면, 소녀에게 세상이 어떻게 보일지를 설명하기 때문이다. 시간을 달리는 소녀가 아니라 시공간을 달리며 세상을 관측하는 소녀, 그리고 그 소녀를 보는 소년의 이야기인 셈이다. 그러면 실제로 소녀와 소년이 보게 되는 세상은 어떤 모습일까?

특수 상대성이론의 핵심은 시공간이 관측자에 따라 상대적이라는 것이었다. 이제 달리는 소녀와 멈추어 있는 소년이 빛을 이용해서 각자 시간을 재고 있다고 가정해 보자. 그리고 소녀가 한쪽 손에서 다른 쪽 손으로 쏘는 빛이 정확하게 1미터를 이동한다고 해보자. 하지만 멈추어 있는 소년이 보는 빛은 소녀와 함께 달리고 있기 때문에 더 긴 거리를 이동하게 된다. 빛이 이동한 거리를 시간으로 나누면 속력이 나오는데, 빛의 속력은 일정하니 소년이 잰 시간은 소녀보다 길어지게 된다. 시간 간격이 팽창한 것이다. 그리고 그만큼 달리는 방향으로 공간도 수축한다. 거짓말 같은 이 이야기는 실제 실험으로 증명되었다. 1971년 물리학자 조지프 하펠Joseph Hafele과 리처드 키팅Richard Keating은 매우 정밀한 시계 3개를 준비해서 하나는 공항에 나머지 2개는 비행기에 싣고 서로 반대 방향으로 지구를 돌았는데, 그 결과 각 시계의 시간이 달라졌다.

빛의 속력은 우주가 정한 자연법칙의 최고 속력이라고 볼 수 있다. 게다가 빛의 속력은 어마어마하게 빠르니, 일상생활 속 느려터진 사건들은 고전역학으로도 충분히 설명된다. 프랑스의 철학자 오귀스트 콩트Auguste Comte는 이런 말을 남겼다. "모든 것은 상대적이다. 오직 이 사실만이 절대적이다." 과연 그럴까? 아니다. 오직 빛의 속도만이 절대적이다.

악마는 엔트로피를 입는다

열효율로부터 발견된 엔트로피

영화 〈악마는 프라다를 입는다The Devil Wears Prada〉에서, 뉴욕 최고의 패션 잡지 회사에 입사한 앤드리아는 유난히 까다로운 편집장 미란다의 비서로 일한다. 그녀는 그저 회사 일이라 생각하고 최선을 다하지만, 악마 같은 보스는 그녀를 하루가 다르게 더 깊은 지옥으로 안내한다. 온종일 울리는 전화벨, 끝없이 이어지는 야근, 쌓여가는 잡일에 애인마저 점점 멀어진다. 영화는 무난하게 결말로 흘러가지만, 15년이 지난 지금도 여전히 기억나는 건 괴팍한 백발 보스의 차갑고 품위 있는 카리스마다. 메릴 스트립이 감정 없는 연기를 어찌나 잘하던지, 영화 내내 오직 개인의 성공밖에 모르는 악마처럼 스크린을 압도했다. 지금도 '악마'라는 단어가 나오면 강령술과 무관한 이 코미디 영화가 떠오를 정도니까 말이다. 그런데 이런 무시무시한 악마가 물리학에도 존재한다. 바로 맥스웰의 악마Maxwell's demon다. 다행히도 옆구리에 데스노트를 끼고 다니지는 않지만.

맥스웰의 악마를 제대로 만나기 위해서는 우선 열역학

이 무엇인지를 알아야 한다. 열역학은 말 그대로 열과 역학의 관계를 설명하는 학문이다. 열은 온도가 다른 두 물체가 있을 때 온도가 높은 쪽에서 낮은 쪽으로 이동하는 에너지의 전달 방식을 의미하는데, 보통 일상에서는 뜨겁다는 뜻으로 많이 쓰인다. 다른 하나인 역학은 외부에서 힘을 받는 물체의 상태를 설명하는 물리학 분야로, 이때 물체가 움직인다면 일을 했다고 친다. 물론 일상에서는 온종일 움직이지 않고 앉아서 무언가를 했는데 제때 월급까지 들어오면 확실하게 일을 했다고 보지만, 적어도 물리학에서는 그렇지 않은 것이다.

둘 사이의 관계를 가장 쉽게 설명하는 방법은 프랑스의 물리학자 사디 카르노Sadi Carnot에게서 나왔다. 그는 본인의 이름을 딴 카르노 기관이라는 장치를 머릿속에서 설계했는데, 수증기의 열에너지를 움직이는 일로 바꾸는 증기 기관과 비슷하다고 생각하면 된다. 이건 고온에서 저온으로 흐르는 열을 일로 바꾸는 가상의 열기관이었는데, 이론상 존재하는 최고의 효율을 갖고 있어서 들어간 열에서 빠져나온 열을 제외한 남은 모든 열만큼 일을 해낸다. 중도에 손실되는 열이 없기에 열효율이 매우 높지만, 그렇다고 해서 1이 될 수는 없다. 그러려면 열기관의 고온 부분 온도가 무한대로 높아지고 저온 부분이 절대온도 0도까지 떨어져야 하는데, 이런 상황은 불가능하기 때문이다. 따라서 어떠한 열기관도 카르노 기관보다 열효율이 높을 수 없다. 하나의 열원으로부터 얻은 열을 전부 일로 바꿀 수는 없다는 뜻이다. 카르노가 증명한 건, 열이 고온에서 저온으로 이동할 때 일을 할 수 있지만 반대의 경우에는 반드시 외력이 작용해야 한다는 사실이다. 열역학 제2법칙의 위대한 발견이었다.

비록 사디 카르노는 콜레라에 걸려 36세의 젊은 나이로 생을 마감했지만, 다행히 1850년에 그의 유지를 이은 독일의 물리학자 루돌프 클라우지우스Rudolf Clausius에 의해 열역학 제2법칙이 발표되었고, 1865년에 이를 활용한 엔트로피의 개념이 등장했다. 클라우지우스가 그리스어를 조합해 만든 '엔트로피'라는 단어는 열역학에서 에너지의 흐름을 나타내는데, 열이 뜨거운 곳에서 차가운 곳으로만 흐르는 상황을 표현한다고 볼 수 있다. 일반적으로 무질서도와도 같은 의미로 쓰인다고 알려져 있는데, 우선은 깨진 컵이나 정돈되지 않은 트럼프 카드의 경우에 무질서도가 높다는 정도로만 알아두자. 이제 드디어 맥스웰의 악마가 등장할 차례다.

패션 잡지 편집장보다 더 무서운 악마

전자기학을 정립한 것으로 유명한 영국의 물리학자이자 수학자 제임스 클러크 맥스웰은 열역학에 관한 연구를 하다가 문득 가상의 악마를 떠올렸다. 어떤 방이 빠르게 움직이는 뜨거운 기체와 느리게 움직이는 차가운 기체, 두 종류로 가득 차 있다. 간단하게 구분하기 위해 빨간 기체와 파란 기체라고 하자. 이 방을 정확히 반으로 나누는 벽이 가운데 서 있는데, 이 벽에는 문이 달려 있다. 악마는 벽의 문을 열고 닫을 수 있고, 매우 뛰어난 시력을 갖고 있어서 두 기체 분자를 쉽게 구별할 수 있다. 이제 악마의 역할을 보여줄 차례다. 문 앞에서 기체 분자의 출입을 통제하는 악마는 오른쪽 방에 있는 빨간 기체가 문 쪽으로 다가오면 얼른 문을 열어주고, 왼쪽 방의 빨간 기체가 접근하면 문을 닫아서, 빨간 기체를 모두 왼쪽 방으로 보내버린다. 반대로 파란 기체는 모두 오른쪽으로 가게 한다. 이렇게 하면 결국 왼쪽 방에는 빨간 기체로만 가득 차고 오른쪽 방에는 파란 기체만 남아, 뜨겁고 빠른 기체와 차갑고 느린 기체가 서로 완전히 분리될 것이다. 이런 악마가 존재한다면 초기 상태와 비교해 엔트로피가 감소할 수도 있지 않을까? 기체 분자들이 잘 정리되어 무질서도가 낮아졌으니 말이다.

그다지 별일이 아닌 것 같지만 이것은 물리학자들에게 심각한 문제가 되었다. 오랜 기간에 걸쳐 자리를 잘 잡은 열역학 제2법칙을 대놓고 부정하는 결과였기 때문이다. 고립되어 있는 방에 외부로부터 어떠한 일도 해주지 않았지만, 방의 엔트로피가 감소할 수 있다는 가능성은 당시로서 큰 충격이었다. 마치 복잡하게 어질러진 잡지사 사무실이 미란다의 등장만으로도 일사불란하게 스스로 정리된다는 말처럼 터무니없이 들렸다.

다행히 문제는 해결되었다. 악마가 기체 분자를 단순히 지켜보기만 하는 것 같아도, 실제로는 기체 분자에 대한 정보를 얻고 기체를 분리하기 위해 방 내부와 상호작용한다는 점을 고려하지 않았기 때문이다. 기체를 제대로 이동시키는 데는 양자역학의 관측과 유사한 측정 행위가 일어나며, 이러한 과정은 기체 분자에 영향을 미친다. 그래서 악마가 만들어 내는 엔트로피의 변화를 고려하면, 총 엔트로피는 절대로 감소하지 않게 된다. 악마 편집장의 출현과 함께 사무실이 스스로 정리되는 줄 알았는데, 사실 사무실이 정리되는 만큼 그 과정을 지켜보는 그녀의 머릿속은 더 복잡해지고 있었다는 뜻이다. 심지어 계속 정리되는 집기들에 대한 기억을 지우는 과정에서도, 점점 더 열을 받아 최소한 그만큼의 엔트로피가 추가로 만들어지기도 한다. 여기서 감소한 기체 분자의 엔트로피를 상쇄하며 증가하는 엔트로피는 '정보 엔트로피information entropy'라고 한다.

우주 종말을 설명하는 개념

다시 엔트로피로 돌아가 보자. 멀쩡한 컵과 정돈된 트럼프 카드는 엔트로피가 낮고, 깨진 컵과 흐트러진 트럼프 카드는 엔트로피가 높다. 일반적인 설명은 여기까지지만, 실제로는 이렇게 간단하지 않다. 상식선에서 이해하는 무질서도만으로 엔트로피를 설명하는 건 불완전하기 때문이다. 컵이 깨져 있건 잘 붙어 있건 컵을 구성하는 입자의 관점에서는 확률적으로 큰 차이가 없다. 물질을 구성하는 배열만 봐서는 무엇이 더 무질서한지를 구분할 수 없다는 말이다. 오히려 물질이 놓여 있는 공간의 크기를 고려하는 것이 중요하다. 컵이 놓여 있는 식탁 위의 공간 전체를 생각해 보자. 컵을 구성하는 아주 작은 부스러기들이 식탁 한편에 모여 컵을 이루고 있거나 부서진 채로 식탁 전체에 퍼져 있을 경우의 수를 각각 계산해 보면, 부서져 있는 경우가 비교할 수 없을 만큼 훨씬 많을 것이다. 그래서 부서진 컵 조각들이 자연스레 깨지지 않은 컵으로 돌아가는 경우는 거의 없지만, 컵이 깨져서 조각나는 경우는 쉽게 발생한다.

주어진 공간 안에서 가능한 경우의 수가 작다면 엔트로피가 낮다고 표현하며, 반대일 경우 엔트로피가 크다고 한다. 현실 세계는 식탁 위보다 끝없이 넓고 컵의 부스러기들보다 갖가지 다양함이 가득하기에, 자연에서 존재하는 모든 변화는 반드시 엔트로피가 증가하는 방향으로 일어난다. 특히 우주 역시 물질과 에너지의 출입이 없이 고립된 거대한 공간이라고 볼 수 있기에, 우주 전체의 엔트로피는 늘 증가한다.

컵을 구성하는 아주 작은 부스러기들이 식탁 한편에
모여 컵을 이루고 있거나 부서진 채로 식탁 전체에
퍼져 있을 경우의 수를 각각 계산해 보면, 부서져
있는 경우가 비교할 수 없을 만큼 훨씬 많을 것이다.

이건 과연 무슨 의미일까? 항상 움직이며 한쪽으로 향하는 기준이 있다면, 우리는 이것을 '우주적 흐름'이라고 부를 수 있다. 바로 시간이다. 우주에 존재하는 모든 물질과 에너지 역시 언젠가 우주 전체에 고르게 퍼질 것이며, 가장 높은 확률을 갖는 형태에 도달하고 나면 더는 변하지 않는 채로 멈출 것이다. 우주 종말을 설명할 수 있는 하나의 개념이 있다면 아마도 엔트로피일지도 모른다.

그렇다면 혹시 엔트로피가 감소하면 시간이 거꾸로 흐를 수도 있지 않을까? 방금 친구들이 다녀가 난리가 난 방을 아무리 깨끗하게 정리한다고 해도 어제처럼 되돌릴 수 있는 건 아니다. 그리고 집 밖으로 내다 버린 쓰레기까지 생각하면, 총 엔트로피는 증가했을 것이다. 이미 맥스웰의 악마도 실패했을 정도니, 크리스토퍼 놀란의 영화에서나 가능한 일일 것이다. 패션계의 악마는 프라다를 입을지 모르겠지만, 과학사의 악마는 프라다 대신 엔트로피를 입는다. 엔트로피를 빼고 물리학을 논한다면, 논리적으로 벌거벗었다고 해도 무방하다는 말이다. 그리고 과학의 오래된 역사에는 여전히 악마가 여럿 남아 있다. 악마를 활용한 참신한 이론들은 앞으로도 계속 등장할 것이다. 무한한 사고의 어둠 속으로 과학자들을 끌어들이는 순진한 악마들을 더 보고 싶다. 아마도 과학자들도 기꺼이 즐거운 고통의 길로 악마와 함께 걸어 나아가리라.

우리가 살고 있는 세상이
홀로그램이라면

물리학에서 말하는 정보의 새로운 정의

어른들의 추억 속에 〈스타워즈Star Wars〉 레아 공주의 홀로
그램 영상이 남아 있다면, 요즘 아이들은 영화 〈스파이더
맨Spider-Man〉의 미스테리오를 기억한다. 거대한 괴물을
피해 녹색섬광을 뿜어대는 그는, 현실 같은 3차원 형상을
허공에 만들어 낸다. 홀로그램은 2차원 평면상에 3차원 입
체를 기록하는 기술이다. 반사된 영상으로 간단하게 구현
하는 유사 홀로그램 방식은 이미 널리 퍼져 있지만, 누가
봐도 구분이 쉬울 정도로 현실과는 차이가 크다. 그런데 이
세상이 전부 홀로그램일지도 모른다는 주장이 있다. 바로
물리학자 데이비드 봄David Bohm이 주장한 홀로그램 우주
다. 우주와 우리가 보는 세계는 홀로그램의 간섭무늬처럼
실제 세상의 일부분일 뿐이며 실체는 더 깊고 본질적인 차
원에 존재한다는 가설인데, 이게 도대체 무슨 말인가 걱정
하기 전에 먼저 해야 할 일이 있다. '정보'라는 익숙한 개념
을 다시 정의하는 것이다. 홀로그램 우주는 정보와 밀접한
관련이 있으며, 정보를 이해하고 나면 이야기가 한층 쉬워

진다.

　일반적으로 정보는 보거나 들을 수 있는 내용이다. 어제 서울 집값이 얼마나 올랐는지, 주식이 떨어지고 있는지, 친구가 머리카락을 어떤 색으로 염색했는지, 이런 모든 게 다 정보다. 하지만 물리학자들이 말하는 정보는 좀 다르다. 그들에게는 모든 입자의 양자적 특성인 '양자 정보'가 보다 익숙하다. 책의 정보는 제목이나 내용이 아닌, 책을 구성하는 입자들이 어디에 어떤 구조로 모여 있는지, 얼마나 빠른지, 어떻게 도는지와 같은 양자 정보를 의미한다. 우주에 존재하는 모든 물질은 이러한 양자 정보를 갖는 입자들로부터 만들어진다.

　크루아상과 수제비는 둘 다 밀가루로 만들지만, 어떤 조리법을 사용하는지에 따라 전혀 다른 음식이 된다. 여기서 조리법을 정보라고 볼 수 있다. 탄소라는 입자도 나열하는 방법에 따라 연필심이 되거나 다이아몬드가 된다. 심지어 다른 입자와 섞어서 아주 복잡하게 구성하면 사람이 되기도 한다. 세상에 존재하는 모든 만물은 전부 정해진 수십 가지 입자들만으로 이루어지지만, 어떻게 나열하는지에 따라 전혀 새로운 것이 된다. 이걸 해내는 녀석이 바로 정보다. 만약 입자들 사이의 특수한 관계인 정보가 우주에서 완전히 사라진다면, 존재하는 모든 물질은 그저 똑같이 떠도는 입자일 뿐이다. 우리 인류도 마찬가지다.

정보를 연구하는 과학자들은 현대물리학의
기반이 되는 매우 중요한 두 가지 법칙을 만들었다.
정보는 어떠한 경우에도 파괴되지 않으며, 우주에
존재하는 모든 정보의 총량은 반드시 보존된다는
것이다.

정보를 연구하는 과학자들은 현대물리학의 기반이 되는 매우 중요한 두 가지 법칙을 만들었다. 정보는 어떠한 경우에도 파괴되지 않으며, 우주에 존재하는 모든 정보의 총량은 반드시 보존된다는 것이다. 책이 불에 타서 잿더미가 되더라도, 원래 정보는 그대로 남아 있어야 한다. 책에 가해진 에너지를 꼼꼼히 계산하고 입자를 하나하나 모아 재구성하는 게 가능하다면, 책을 다시 원래대로 만들어 낼 수 있다. 정보는 절대 파괴되지 않고, 사라지지 않기 때문이다. 원래 책의 정보가 굉장히 해석하기 어려운 정보로 형태가 바뀐 것뿐이다. 이게 무너지면, 인류가 지금까지 쌓아 올린 모든 과학적 발견은 전부 새롭게 바뀌어야 한다.

블랙홀로 들어간 정보는 파괴될까

그런데 문제가 생겼다. 일어나서는 안 되는 그 일이 벌어진 것이다. 블랙홀이라는 강력한 천체의 발견은 과학자들에게 공포를 선사했다. 빛까지 빨아들이는 무시무시한 중력 때문이 아니다. 정보와 관련된 절대적인 법칙을 블랙홀이 무너뜨려 버리기 때문이다. 블랙홀은 막대한 질량이 아주 작은 한 점에 집중되어 있을 때 만들어진다. 물론 차원조차 의미가 없기에, 실제로는 점도 아니다. 사건의 지평선이라는 경계를 넘으면, 블랙홀과 블랙홀을 제외한 모든 건 철저히 분리된다. 우리가 블랙홀 내부를 들여다볼 수 없는 것처럼, 안에서도 경계 너머에 있는 우리를 볼 수 없다. 이러한 특징 때문에, 블랙홀로 들어간 물질은 도대체 어디로 가는지에 대한 많은 고민이 있었고, 화이트홀white hole이라는 출구가 이론적으로 만들어지기도 했다. 빨려 들어간 물질들이 혹시 화이트홀을 통해 배출되지 않을까? 하지만 스티븐 호킹 덕분에 화이트홀이라는 가상의 천체는 불필요해졌다. 블랙홀이 물질을 방출하는 호킹 복사Hawking radiation를 찾아낸 것이다.

호킹 복사는 이론상으로만 존재하는 양자 중력의 현상 가운데 하나로, 블랙홀이 방출하는 열 복사선을 의미한다. 사실 텅 비어 있는 것처럼 보이는 진공상태를 아주 작은 세계에서 바라보면, 입자와 반입자가 무한히 생성되었다가 서로 충돌하며 소멸하기를 반복하고 있다. 이런 현상은 우주의 모든 곳에서 일어나고 있는데, 막상 우리는 불확정성 원리uncertainty principle로 인해 이를 볼 수 없다. 너무 짧은 시간 동안 나타났다 사라지기 때문이다. 호킹은 이 현상이 일어나는 장소를 블랙홀 근처로 옮기는 참신한 아이디어를 떠올려, 우주에 존재하는 가장 거대한 천체와 아주 작은 양자 세계의 현상을 연결했다. 정확히 말해, 사건의 지평선을 사이에 두고 생성된 입자와 반입자는 바로 다시 만나서 사라지려고 하지만, 사건의 지평선 때문에 둘은 완벽히 분리되어 버린다. 블랙홀 안쪽의 반입자는 결국 내부의 입자를 만나 사라질 테고, 바깥쪽의 홀로 남은 입자는 반입자를 찾아 떠난다. 결과적으로 블랙홀 안에는 입자가 하나 줄고, 블랙홀 밖의 세상에는 입자가 늘어난다. 1974년에 호킹은 블랙홀들이 아주 오랜 시간에 걸쳐 이러한 호킹 복사를 통해 사건의 지평선에서 입자를 조금씩 내보낼 수 있다고 주장했다. 라면을 끓일 때 물이 수증기로 서서히 증발하다 보면, 마침내 냄비는 물을 잃는다. 호킹의 주장이 사실이라면, 블랙홀에 빨려 들어간 책도 호킹 복사를 통해 블랙홀 밖으로 나올 수 있다. 다만 이렇게 빠져나온 녀석은 더 이상 책이 아닐 것이다.

이제 얼마나 큰 문제가 벌어진 건지 감이 올 수도 있겠다. 책이든 신발이든, 일단 블랙홀로 들어갔다가 나오면 정보를 잃는다. 블랙홀은 무한한 우주의 역사에서 어느 순간 완전히 증발해 사라질 것이다. 다시 말하면, 블랙홀은 양자 정보를 빨아먹고, 호킹 복사를 통해 정보를 상실한 녀석들을 꾸준히 토해내다가 유유히 퇴장한다. 정보를 지워버리는 구간이 우주에 존재한다는 말이다. 우주는 전부 정보를 통해 기술되기 때문에 정보는 곧 우주의 모든 것이나 마찬가지인데, 이렇게 되면 우리가 아는 우주 자체가 사라져 버릴 수도 있다. 정보란 절대 파괴될 수 없고, 우주 전체 정보의 총량은 일정해야 한다고 했다. 그런데 블랙홀이 이 법칙들을 자비 없이 무너뜨려 버린다. 과학자들은 이 문제를 '블랙홀 정보 역설black hole information paradox'이라고 부른다.

블랙홀 정보 역설을 해결하는 유일한 방법

블랙홀은 모든 정보를 흡수해서 전부 똑같이 만들어 버릴지도 모른다. 즉, 정보를 파괴하며, 정보는 파괴될 수 없다는 명제마저 함께 파괴해 버릴지도 모른다. 블랙홀 안으로 들어가거나 블랙홀이 방출하는 물질을 모두 모아서 분석하는 것은 현실적으로 불가능하기에, 서로 다른 견해를 갖고 있던 과학자들은 싸우기 시작했다. 호킹과 〈인터스텔라〉로 유명한 킵 손은 블랙홀에 들어간 정보는 파괴되어 회수할 수 없기에, 역설은 근본적으로 해결될 수 없다고 주장했다. 반대 진영에는 캘리포니아 공과대학교의 물리학자이자 내기의 달인 존 프레스킬John Preskill이 있었다. 사건의 지평선의 내부와 외부에 관측자가 동시에 존재할 수 없다는 상보성 때문에, 아무도 두 가지 상황을 동시에 볼 수 없으니 모순이나 역설은 없다는 것이 그의 논리였다. 호킹은 우리가 알 수 없으니 정보 역설이 풀렸다고 인정했지만, 킵 손은 패배를 인정하지 않았다.

이후 끈 이론string theory으로 블랙홀을 설명하는 퍼지볼fuzzball 가설이나, 사건의 지평선 대신 방화벽을 세우는 블랙홀 방화벽 역설 등 다양한 견해가 등장했다. 심지어 헤어진 연인의 사진이 담긴 디지털카메라가 고장이 나서 사진을 꺼낼 방법이 없는 것처럼 정보는 사라지지 않았지만 영원히 꺼낼 방법이 없다는 주장까지 나왔다. 몇몇 과학자들은 정보가 블랙홀 안으로 절대 들어갈 수 없다고 주장했는데, 그렇게 탄생한 게 바로 홀로그램 우주 가설이다. 블랙홀 바깥에서 보았을 때 정보가 블랙홀의 경계에 붙어 있을 뿐이며, 블랙홀 안에서 파괴되지 않고 단지 사건의 지평선 표면에 암호화되어 기록된다면 어떨까? 블랙홀의 질량이 증가할수록 사건의 지평선도 커지기에, 정보를 기록하고 보존할 수 있는 공간도 함께 늘어난다는 원리다.

요즘에는 종이책 대신 전자책도 많이 읽는다. 둘은 기록하는 방식이 완전히 다르지만, 똑같은 내용이 들어가 있다. 즉, 블랙홀은 3차원에 있는 정보를 2차원에 암호화해 기록하는 존재라는 뜻이다. 이처럼 평면상에 입체를 기록하는 기술이 있는데, 바로 홀로그램이다. 만약 3차원의 정보가 사건의 지평선에 2차원 형태로 저장된다면, 호킹 복사를 통해 암호화된 정보를 옮기는 것도 가능하다. 다시 말하면, 정보는 블랙홀과 무관하게 파괴되지 않으며, 이로써 현대물리학도 무너지지 않게 되는 것이다. 이것이야말로 정보 역설을 해결하는 유일한 방법이다. 여기서 한 단계만 더 나아가 보자. 만약 우주가 홀로그램이라면, 그곳에 빨려 들어간 사람은 어떻게 될까? 아마 평소와 다름없는 세계를 경험할 것이다. 바깥에서 보면 2차원의 평평한 모습이겠지만, 같은 차원인 내부에서는 어색하지 않을 가능성이 크다. 그런데 우리 자신이 비슷한 처지에 있다면 어떨까? 이미 블랙홀 표면에 2차원으로 암호화되어 있는데 그 사실을 느끼지 못할 뿐이라면, 현실이 정말 3차원이라는 것을 증명할 수 있을까?

관측 가능한 우주라는 개념이 있다. 빛의 속도보다 빠르게 멀어지는 영역은 관측할 수 없으며, 인류가 볼 수 있는 우주의 한계가 정해져 있다는 뜻이다. 혹시 이것이 3차원인 우리 우주를 둘러싼 2차원의 표면으로 이루어진 경계는 아닐까? 마치 블랙홀 사건의 지평선처럼 말이다. 만약 이게 사실이라면, 우리의 현실은 단지 그 정보를 홀로그램처럼 투영한 것이며, 실체는 여기 대신 우주의 바깥에 존재할지도 모른다. 인류에게 흥미로운 숙제를 남긴 스티븐 호킹은 이렇게 말했다. "신이 주사위를 던지지 않는다고 말한 아인슈타인은 틀렸다. 블랙홀을 떠올리면, 신은 아마 주사위를 우리가 볼 수 없는 곳에 던져놓을 것이다." 언젠가 인류가 블랙홀의 비밀을 풀고 신이 던진 주사위라는 진리에 다가가는 날을 기대해 본다.

| 양자역학 |

가장 작은 세계부터 다중우주까지

SF 영화의 치트 키, 양자역학

최근 미키마우스는 '세상에서 가장 유명한 쥐'라는 타이틀을 빼앗기고 말았다. 타이틀 매치에서 승리한 이는 바로 〈어벤져스: 엔드게임〉에서 양자 영역에 갇힌 앤트맨Ant-Man을 구했던 쥐. 얼떨결에 버튼을 눌러 우주를 구한 진정한 히어로로 되시겠다. 어떻게 우주를 구했을까? 긴 영화 한 편을 여기서 모두 다룰 수는 없지만, 적어도 관객들이 기억하는 한 가지는 확실하다. 바로 양자역학을 이용했다는 것이다. '양자 요동', '양자 얽힘', 'EPR 역설' 등 다양한 용어들이 활용되었지만, 어디까지가 영화적 허구인지 과학적 사실인지는 불분명했다. 극 중에서는 '양자역학'이라는 키워드가 등장하자마자 히어로들은 마치 이것이야말로 모든 문제를 해결할 수 있는 치트 키라는 데 동의하는 것처럼 보였지만, 양자역학을 이용한 시간 강탈이니 다중우주니 하는 듣지도 보지도 못한 내용에 진정 공감했던 관객이 몇 명이나 되었을까? 단순히 재미있는 영화를 넘어 하드 SF로 구분되는 히어로물이 개봉되기를 꿈꾸며, 이제 현실적인 양자역학을 꺼내보자.

가장 작은 기본 입자

물리학자들은 오래전부터 자연의 기본 입자를 찾았다. 세상의 모든 것은 입자로 이루어지고, 어떤 물체든 잘게 쪼개면 결국 가장 작은 입자들만 남으리라 생각했기 때문이다. 그렇게 발견된 것이 바로 원자다. IBM에서 수천 개의 원자를 정교하게 배치해서 만든 스톱모션 애니메이션인 〈소년과 원자A Boy and His Atom〉는 세상에서 가장 작은 영화로 기네스북에 오르기도 했다.

원자는 더 이상 쪼갤 수 없는 단위를 말한다. 과연 그럴까? 실제로 원자를 뜻하는 'atom'이라는 단어는 더 이상 나눌 수 없다는 뜻을 가진 고대 그리스어 'átomos'에서 유래했지만, 단지 화학적인 방법으로 쪼갤 수 없을 뿐이다. 이제 우리는 다른 방법으로 원자를 쪼갤 수 있다는 것을 알고 있다. 원자를 쪼개면 전자, 양성자, 중성자, 광자 같은 극도로 작은 녀석들이 나온다. 이들을 통칭하는 표현이 바로 '양자quantum'이며, 이들이 어떻게 행동하는지를 면밀히 연구하는 물리학 분야를 '양자역학quantum mechanics'이라고 부른다. 하지만 인간과 윤리의 본질에 대한 탐구 방법이나, 억지스러운 신념을 인생의 모토로 삼은 주인공이 등장하는 범죄 영화의 소재가 되기도 하는 이 마성의 학문을 이해하는 것은 굉장히 힘들다. 다른 물리학 분야와 달리 상식을 벗어나기 때문이다. 고전역학과 한번 비교해 보자.

쉽게 말해, 고전역학은 세상 모든 것을 운동으로 이해하려는 시도다. 위치와 속도만 알면 모든 물질의 운동을 예측할 수 있다. 놀이터에서 친구의 그네가 다시 원래 위치로 돌아오는 시점을 예측할 수 있는 것도 고전역학 덕분이다. 그런데 양자역학은 여기서부터 문제가 생긴다. 양자의 세계에서는 시간과 공간이 고전역학의 현실과 완전히 달라진다. 시간도 흐르지 않을 수 있으며, 공간도 확률적으로 존재할 뿐이다. 흔들리는 그네의 모서리가 갑자기 내 뒤통수를 때릴 가능성도 있는 것이다. 아주 작은 세계에서는 말이다.

텅 비어 있는 세상

양자 세계의 재미는 이제 시작이다. 학창 시절의 기억을 되살려 원자모형을 떠올려 보자. 가장 익숙한 원자의 이미지는 전자가 마치 위성처럼 원자핵 주위를 공전하는 러더퍼드Ernest Rutherford의 원자모형이다. 핵심은 원자핵과 전자, 바로 그 사이가 텅 비어 있다는 것이다. 원자모형 속 원자핵과 전자는 굉장히 가깝게 돌고 있는 것처럼 보이지만, 실상은 그렇지 않다. 만약 원자핵을 서울시청 중앙에 놓인 자전거 바퀴라고 가정한다면, 전자는 그 근처가 아니라 서울시 외곽을 따라 확률적으로 존재할 뿐이다. 서울시만 한 원자 하나 안에는 자전거 바퀴만 한 원자핵을 제외하면 아무것도 없다. 쓸쓸하고 찬란하신 도깨비보다 훨씬 더 고독하지 않을까.

세상이 원자로 이루어져 있고 모든 원자의 내부가 텅 비어 있다면, 왜 우리는 그 내부를 들여다볼 수 없는 걸까. 축구계의 살아 있는 전설 올리버 칸보다 훌륭한 수문장인 전자가 원자 주위를 철통 방어하고 있기 때문이다. 전자는 부딪히는 모든 것을 특유의 반발력으로 튕겨낸다. 어떤 것도 전자를 통과할 수 없기 때문에, 우리는 내부가 비었다는 사실을 결코 인지할 수 없다.

사실, 양자역학의 이러한 성질을 차용해 만들어진 영화 속 히어로가 바로 앤트맨이다. 만약 비어 있는 원자핵과 전자 사이의 간격을 조절할 수 있다면 어떨까? 전자가 반발력을 발휘하는 범위를 좁히거나 넓히면, 앤트맨의 몸을 구성하는 원자의 크기도 줄어들거나 늘어날 것이다. 따라서 개미보다 작아지기도 하고, 건물보다 커질 수도 있게 된다. 물론 충분히 양보해서 원자핵과 전자 사이의 간격 조절이 가능하다고 해도, 원자 자체가 서로 촘촘하게 붙어 있는 게 아니기 때문에 더 고운 빵가루를 쓴다고 하더라도 완성된 빵의 크기는 거의 줄어들지 않는 것처럼 이는 현실적으로 불가능하다.

양자역학에서 벌어지는 이중생활

양자 세계에서는 입자와 파동 이야기를 빼놓을 수 없다. 둘의 차이를 간단히 생각해 보자. 입자particle라는 건 오직 한 명에게만 던질 수 있는 돌멩이 같은 것이며, 파동wave은 여러 명에게 동시에 도달하는 소리나 파도 같은 걸 의미한다. 물론 눈에 보이는 대부분의 것들은 입자일 텐데, 19세기 과학자들은 빛도 입자일지 아니면 파동일지 궁금해했다. 이미 세기의 천재 뉴턴도 빛을 입자라고 단정 지은 상태에서, 영국의 토머스 영이라는 물리학자는 이중 슬릿 실험을 고안했다. 벽 앞 쪽에 일정한 거리를 두고 2개의 틈을 가진 또 다른 벽을 만들어 세우고 그 빛을 2개의 틈으로 통과시켰을 때, 빛이 입자라면 틈의 모양대로 뒤에 놓인 벽에 두 줄의 모양을 그릴 것이다. 반면 빛이 파동이라면 두 틈을 모두 빠져나와 파도처럼 물결치며 서로 상쇄시키기 때문에, 벽에 여러 줄의 간섭무늬를 만들 것이다. 실험 결과, 두 줄이 아닌 여러 줄의 간섭무늬가 벽에 나타나 빛이 파동이라는 것이 밝혀졌다.

다음 실험 대상은 전자였다. 매우 작지만 질량이 있고, 한 번에 하나씩 셀 수 있어 입자처럼 보이던 전자는 결코 여러 줄의 무늬를 그려서는 안 되는 상황이었다. 하지만 전자 역시 파동처럼 간섭무늬를 그렸다. 분명히 입자인데도, 파동처럼 동시에 여러 곳에 존재했던 것이다. 과학자들은

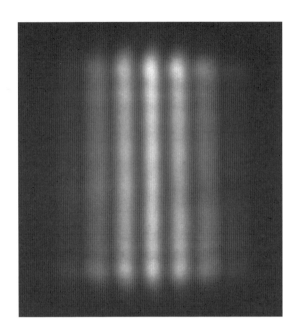

매우 작지만 질량이 있고, 한 번에 하나씩 셀 수 있어
입자처럼 보이는 전자는 결코 여러 줄의 무늬를
그려서는 안 될 듯하다. 하지만 전자 역시 파동처럼
간섭무늬를 그린다. 분명히 입자인데도, 파동처럼
동시에 여러 곳에 존재하는 것이다.

혼란에 빠졌고, 도대체 전자가 어떻게 움직이는지를 들여다보기로 했다. 하지만 전자가 이중 슬릿을 통과하는 모습을 전자현미경으로 확인하려고 하자 갑자기 여러 줄의 무늬는 사라지고, 단 두 줄만 벽에 남는 게 아닌가. 전자는 마치 원래부터 입자였던 것처럼 행동하기 시작했다.

보지 않으면 파동이지만, 보는 순간 입자가 된다. 본다는 것은 결국 광자 혹은 그에 준하는 무언가가 부딪혀 정보를 전달하는 것을 의미하며, 이를 '관측' 또는 '측정measurement'이라고 표현한다. 그리고 이 관측이라는 행위, 상호작용이 양자 세계에서는 너무나 강한 충격이라, 전자는 파동의 형태를 유지하지 못하고 현실적으로 이해하기 쉬운 입자로 붕괴되어 버린다.

양자역학과 다중우주

결과적으로 전자는 파동이면서 입자다. 광자도 마찬가지다. 둘 중의 하나가 아니라, 두 가지 상태가 동시에 중첩되어 있다. 여기 가설이 들어갈 여지가 생긴다. 이미 관측 전부터 파동이면서 입자인 상태가 중첩되어 존재한다면, 우리는 단지 그중 하나의 상태를 인식할 뿐 실제로 인식하지 못하는 또 다른 상태는 분화된 새로운 세계에 존재한다는 것이다. 이러한 분화가 단순히 전자가 입자냐 파동이냐 하는 문제를 넘어 수도 없이 많은 경우의 중첩을 포함한다면, 우리가 살고 있는 우주 말고도 셀 수 없을 만큼 다양한 우주가 존재할 수 있다. 물론 언제나 하나의 세계만 인식할 수 있는 우리는 다른 세계에 대해 결코 알 수 없지만, 이 참신한 가설로 인해 〈어벤져스〉의 히어로들은 시간을 거슬러 다른 우주에 남아 있는 도구를 빌려 와 원래의 우주를 구해낼 수 있었다.

같은 존재가 수많은 우주에 동시에 존재한다는 다중우주론은 다양하고 끝없이 새로운 이야기들을 만들 수 있는 흥미로운 원동력이 되었다. 물론 아직 과학의 영역이라 말하기 어려운 부분도 있다. 하지만 양자 세계에서 벌어지는 일은 분명한 현실이며, 우리는 이미 양자역학의 특징과 한계를 활용해 양자컴퓨터를 만들거나 양자 암호통신에 활용하고 있다. 아직 인류가 가진 사고 체계로 이해할 수 없는 현상들이 양자역학에서 일어나고 있지만, 자연을 완벽히 이해하지 못하는 것에 대한 두려움보다 새롭게 던질 수 있는 질문들에 대한 기대감으로 천천히 나아가야 한다. 어찌 보면 과학의 가장 큰 매력이 여기에 있다.

늘어가는 내 몸의 질량은
어디서 왔을까

치킨으로 설명하는 기본 입자와 표준 모형

우주는 어떻게 만들어졌을까? 신비로운 맛집의 비밀을 밝히려면 들어가는 재료 하나하나를 알아내야 하는 것처럼, 우주를 설명하기 위해서는 우주를 이루는 모든 재료를 정확하게 이해해야 한다. 인류가 지금까지 발견한 모든 재료를 '기본 입자elementary particle'라 하며, 이들과 이들 사이의 상호작용을 설명하는 형태가 바로 표준 모형standard model이다. 오랫동안 과학자들의 염원은 이걸 다듬고 완성하는 것이었다. 그리스의 철학자 엠페도클레스는 세상의 모든 만물이 흙, 불, 공기, 물로만 이루어져 있다는 4원소설을 주장했지만, 이들은 모두 원자로 이루어진다. 원자의 중심에는 원자핵이 있고 그 주위에는 전자가 있다. 원자핵은 양성자와 중성자로 구성되어 있으며, 이들은 다시 업 쿼크와 다운 쿼크로 쪼개진다. 중성자보다 더 작아서 '중성미자neu-trino'라고 불리는 녀석도 있는데, 질량이 너무 작아서 측정하기도 어렵다. 업 쿼크, 다운 쿼크, 전자 그리고 중성미자, 여기까지가 현대판 4원소설이다. 만약 이 우주가 오직 네 종류의 치킨으로만 이루어져 있다면, 우리는 프라이드, 양념, 간장, 마늘 치킨을 찾아낸 것이다. 이것이 1세대 기본 입자인데, 현재까지 발견된 세대는 총 3세대다. 2세대와 3세대 역시 1세대처럼 네 가지 기본 입자로 구성되어 있다. 각운동량이나 스핀spin은 같지만, 질량이 다르다. 이제 단순한 4치킨의 시대는 끝나고, 핫양념, 볼케이노, 숯불양념, 강정, 왕갈비, 불갈비, 베이크, 가마솥 치킨까지 더해 12치킨의 시대가 온 것이다. 이 열두 가지 기본 입자를 우리는 '페르미온fermion'이라고 부른다.

우주에는 네 가지 힘, 즉 중력, 전자기력, 강력, 약력이 있다. 현대물리학에서는 이 힘들의 근원을 주고받는 입자로 설명한다. 배구공을 주고받는다면 배구를 하고 있다고 보는 것처럼, 두 입자가 서로 광자, 글루온, Z 보손, W 보손과 같은 매개 입자를 주고받는 과정에서 힘이 생긴다고 본다. 이들을 '보손boson'이라 하는데, 열두 가지 치킨을 '페르미온'이라고 부르는 것처럼, 네 종류의 디핑 소스인 허니머스터드, 치즈, 와사비마요, 갈릭 소스가 바로 보손이다. 그런데 이상하게도 이들의 질량은 모두 다르다. 우주를 이루는 입자들에는 도대체 누가 질량을 부여했을까?

만물에 질량을 부여한, 신의 입자

표준 모형의 치킨과 디핑 소스들이 우주 어디에서나 맛있으려면, 언제나 상호작용을 해야 한다. 아무리 멀리 있는 치킨도 날아가 버무릴 수 있기 위해서, 디핑 소스들은 질량이 없어야 한다. 하지만 광자와 달리, 약력의 매개 입자는 질량이 있어 힘의 범위가 전자기력처럼 무한하지 않고 멀리까지 뻗어나가지 못한다. 마치 장거리 연애를 하면 관계가 깨지기 쉬워지는 것처럼 말이다. 이걸 '자발적 게이지 대칭성 깨짐spontaneous symmetry breaking'이라고 하며, 이것이 바로 힉스 메커니즘이다. 힉스 입자에 대한 오해는, 마치 이 입자가 신데렐라의 요정 할머니처럼 요술봉으로 다른 입자들에 질량을 부여한다고 믿는 것이다. 사실 질량을 부여한 건 힉스 입자가 아니라 힉스 작용의 원리인 힉스 메커니즘이고, 힉스 입자는 힉스 메커니즘이 일어났다는 명백한 증거다.

지금 신도림역에 있다고 가정해 보자. 사람이 많긴 하지만, 2호선으로 갈아타러 가는 건 그리 어렵지 않다. 하지만 아이유라면 어떨까? 몸집이 크지 않기에 빠르게 지하철을 탈 수 있을 것 같지만, 절대 그렇지 않다. 그녀를 알아본 사람들이 사인을 요청할 테고, 아마 지하철을 타는 것 자체가 불가능할 수도 있다. 인기가 많을수록 사람들과 상호작용을 많이 하게 되어 느리게 움직일 수밖에 없다. 이렇게 느리게 움직이게 만드는 작용이 바로 힉스 메커니즘이며, 이 작용이 일어나는 신도림역을 '힉스장Higgs field'이라

부른다. 물론 힉스장은 우주 전체에 퍼져있으며, 틈만 나면 물질과 상호작용 한다. 인기가 많아 더 많은 상호작용을 하는 이런 물질을 우리는 질량이 크다고 인지하는 것이다. 질량이 크기 때문에 무겁고 그래서 밀어도 꿈쩍하지 않는 게 아니라, 밀리는 대상이 힉스장과 상호작용을 많이 할수록 밀리는 힘에 대해 더욱 강하게 저항하게 되는데 이때 질량이라는 물질 고유의 물리량이 크다고 정의하는 것이다.

힉스장과 전혀 상호작용 하지 않는 입자는 어떻게 될까? 병풍급으로 인기가 없어서 존재감이 제로인 이 안타까운 입자가 바로 광자, 즉 빛이다. 실제로 빛은 힉스장과 상호작용 하지 않기 때문에, 질량이 없고 언제나 우주 공간에서 최대 속력으로 날아다닐 수 있다. 힉스 메커니즘을 만드는 힘은 아주 짧은 거리에서만 작용하기 때문에, 그에 비해 거대한 우리가 이걸 중력처럼 직접 느낄 수는 없다. 힉스 입자는 힉스장과 힉스 메커니즘의 유일한 증거였으며, 그래서 이게 존재하지 않는다면 지금까지의 모든 발견은 그저 소설 속 이야기에 불과하다.

집에서 가정식 치킨을 요리해 먹기로 마음을 먹는다면, 적어도 완성된 치킨을 어느 정도 예상할 수 있어야 한다. 그런데 힉스 입자를 발견하기 전의 상황은, 말하자면 밀가루나 식용유를 얼마나 써야 하는지는 둘째 치고 가정식 치킨이라는 게 세상에 존재하는지도 모르는 상황이었

질량이 크기 때문에 무겁고 그래서 밀어도
꿈쩍하지 않는 게 아니라, 밀리는 대상이 힉스장과
상호작용을 많이 할수록 밀리는 힘에 대해 더욱
강하게 저항하게 되는데 이때 질량이라는 물질
고유의 물리량이 크다고 정의하는 것이다.

다. 심지어 미국의 실험물리학자 리언 레더먼Leon Lederman 박사는 힉스 입자에 관한 책을 쓰는 과정에서 이 입자가 하도 발견이 안 되니 책 제목에 '빌어먹을 입자Goddamn particle'라고 욕을 적기까지 했다. 그래도 나름 과학 책인데 욕설은 심하다고 판단한 출판사에서는 제목의 일부를 고쳐 '신의 입자God particle'로 수정했고, 이렇게 바뀐 제목 때문에 한때 기독교에서는 힉스 입자가 신의 존재를 증명할 거라고 오해한 적도 있었다.

난리 통 속에서 힉스 입자는 더욱 유명해졌지만, 찾을 방법이 없었다. 서부의 총잡이 두 사람이 서로 마주 보고 쏜 총알 2개가 정확하게 부딪치는 것처럼, 입자 2개를 빠르게 가속해서 충돌시킨다는 비현실적인 아이디어만 있었다. 심지어 이 연구는 부딪친 뒤에 부서져 나오는 모든 입자의 흔적을 분석해야 하는데, 그 파편들은 셀 수 없이 많고 제대로 보이지도 않을 것이 틀림없었다. 특히 높은 에너지의 입자를 얻기 위해서는 가속기의 규모가 커야 하는데, 목표인 힉스 입자를 찾기 위해서는 이론적으로 어마어마한 크기의 입자 가속기가 필요한 상황이었다.

드디어 세상에 모습을 드러낸 힉스 입자

1987년 미국이 강력한 자본을 바탕으로 내놓은 초전도 초가속기 프로젝트는 진행 중 예산 삭감으로 중단되었다. 11

년 후, 유럽입자물리연구소CERN는 스위스 제네바에 대형 강입자 충돌기Large Hadron Collider, LHC 건설을 시작했다. 둘레는 초전도 초가속기보다 3분의 1이나 줄었지만, 수천 개의 초전도 자석을 이용해서 온도를 극저온으로 낮추어 작지만 빠른 가속이 가능하도록 설계했다. 2008년 9월 10일, 드디어 인류 최대의 가속기가 첫 가동을 시작했고, 영국 방송사 BBC는 이날을 '빅뱅의 날'이라고 보도했다. 세상이 멸망할지도 모른다는 공포로 실험 중단을 요구하는 고소장이 접수되거나 자살하는 사람까지 나왔다. 실험도 순탄치 않았다. 전원을 넣은 지 열흘 만에 폭발로 인해 가동을 중지했고, 1년간 수리하고 나서야 겨우 다시 가동할 수 있었다.

2011년 12월, 힉스 입자가 없다면 나타나야 할 형태와 조금 다른 결과가 나왔다. 아무 소리도 나지 않아야 할 빈 깡통 속에서 뭔가 달그락거리는 소리가 들린 것이다. 과학자들은 잘못된 신호일 거라며 믿지 못했다. 하지만 그들은 수개월간 분석을 멈추지 않았고, 2013년 3월 14일, 그 존재의 가능성이 제시된 지 49년이 지나서야 드디어 미지의 입자가 세상에 모습을 드러냈다. 이제 인류는 입자에 질량을 부여하는 힉스장과 힉스 메커니즘, 그리고 그 증거인 힉스 입자의 존재를 받아들이게 되었다.

최초로 힉스 입자의 존재를 추측한 세 사람 중 이미 타계한 로버트 브라우트Robert Brout를 제외한 프랑수아 앙글레르Francois Englert와 피터 힉스Peter Higgs 박사에게 노벨 물리학상의 영예가 돌아갔다. 하지만 여전히 표준 모형은 중성미자의 질량이나 중력을 설명하지 못한다. 암흑 물질이나 암흑 에너지의 존재 역시 마찬가지다. 아직 불완전한 모형에 대해 알아야 할 것들이 많이 남아 있다. 계속해서 보이지 않는 것을 쫓는 과학자들의 노력은 더 위대한 가속기의 개발로 이어지고 있다.

"치킨은 살 안 쪄요. 살은 내가 쪄요." 이 말을 들어봤을 것이다. 우주를 이루고 있는 다양한 종류의 치킨과 디핑 소스를 이해하고 있다면, 이제는 제대로 응용할 때다. 치킨은 살이 안 찐다. 그저 나를 힉스장과 활발하게 상호작용 하는 인기인으로 만들어 줄 뿐이다. 신도림역의 아이유처럼 말이다. 그러니 너무 걱정하지 말고 먹자. 맛있으니까 어쩔 수 없다.

끈으로 이루어진 세상을
만들고 싶었던 이유

아름답기에 인정할 수밖에 없는 물리학 이론

프랑스의 오리엔탈리즘 화가 장 레옹 제롬의 그림〈아레오파고스 앞의 프리네Phryne before the Areopagus〉라는 작품이 있다. 아레스 신의 바위라는 뜻의 '아레오파고스'는 고대 아테네의 정치 기구로 법정처럼 범죄자에 대한 재판을 여는 역할도 했기에, 다른 표현으로 바꾸면 '배심원 앞에 선 프리네'가 된다. 프리네라는 여성은 고대 그리스에서 가장 유명했던 최상급 매춘부였는데, 단순히 몸만 파는 게 아니라 저명한 정치인이나 철학자와 대화를 나눌 수 있을 만큼 수준 높은 교양도 갖추고 있었다. 그녀는 남성 위주의 토론이나 철학적 대화에 거침없이 뛰어들었고, 그런 그녀의 주도적인 모습은 많은 이들의 시기와 질투를 불러일으켰다. 외모도 무척이나 뛰어났는데, 당시 유명한 조각가는 그녀의 아름다운 모습을 모델로 미와 사랑의 여신 아프로디테의 전신상을 조각하기도 했다. 하지만 과한 세간의 관심이 독이 되었는지, 프리네는 신성모독이라는 최악의 죄목으로 기소되었다. 신화 속 아름다운 여신을 '더러운 창녀'와 같은 취급을 받게 만들었다는 이유였다. 결국, 그녀는 법정에 서게 되었다.

그녀를 변호하기 위해 올라선 사람은 정치가이자 웅변가인 히페리데스였다. 하지만 당시 신성모독은 너무나 무거운 죄였기 때문에, 아무리 유능한 변호사라도 대세를 뒤집는 건 쉽지 않아 보였다. 열변을 토하던 히페리데스에게 마침내 최후 변론의 기회가 왔고, 사형 외에 다른 길은 없다고 판단한 그는 모험을 감행한다. 바로 배심원들이 집중해서 보고 있는 마지막 순간에 프리네의 옷을 실오라기 하나 남기지 않고 벗겨버린 것이었다. 눈부시게 빛나는 그녀의 알몸이 드러나자 순식간에 장내의 모든 이들의 말문이 막혀버렸다. 히페리데스는 조용히 한마디 거들었다. "이토록 아름다운 여인을 누가 벌한단 말인가?" 마침내 그녀는 오직 아름답다는 이유 하나로 무죄가 된다. 측정할 수 없는 아름다움은 신의 의지로 받아들여야만 하며, 완벽한 그녀 앞에서 고작 인간이 만들어 낸 법은 효력을 발휘할 수 없다는 결론이었다. 이 특별한 광경을 캔버스에 고스란히 담은 것이 장 레옹 제롬의 그림이다.

물리학에도 비슷한 사례가 있다. 바로 끈 이론이다. 사실, 끈 이론 혹은 초끈 이론super-string theory에 대해 과학자 대부분은 회의적인 관점을 갖고 있다. 미국의 천재 물리학자 리처드 파인먼Richard Feynman은 아무것도 알아낼 수 없는 초끈 이론을 완전히 엉터리라고 부르며, 끈 이론의 창시자 중 한 명인 존 슈워츠John Schwarz를 만날 때마다 오늘은 몇 차원에 계시냐고 놀렸다. 약력과 전자기력의 통합 이론에 대한 공로로 노벨 물리학상을 수상한 셸던 글래쇼 Sheldon Glashow도 끈 이론을 연구하는 학자들이 학생들을 타락시키고 있으며, 그들의 연구는 물리학이 될 수 없다고 말했다. 심지어 네덜란드의 물리학자 헤라르뒤스 엇호프트Gerardus 't Hooft는 끈 이론이 이론이나 모형이 아니라 직감일 뿐이라고 주장했다. 끈 이론이 이렇게 혹독하게 비판을 받으면서도 아직까지도 연구되는 이유가 단지 아름답기 때문이라면 믿을 수 있겠는가? 수학적으로 매우 아름답기에 그것으로 충분하며, 증명할 필요조차 없다고 주장하는 학자들이 있는데, 여기서 '아름답다'는 말은 도대체 무슨 뜻일까?

세상 모든 만물의 근원은 진동하는 끈

먼저 끈 이론과 초끈 이론에 대해 짚고 넘어가자. 둘의 차이를 설명하기 위해서는, 페르미온과 보손부터 알아야 한다. 우주를 구성하는 열두 가지 기본 입자를 페르미온이라고 부르며, 이런 입자들이 배구를 하듯이 공을 주고받으며 우주에 존재하는 힘을 만들어 낸다. 여기서 배구공의 역할을 하는 매개 입자가 보손이다. 가장 단순한 끈 이론은 보

가장 단순한 끈 이론은 보손에만 적용되는 보손 끈
이론으로, 보손은 끈을 기술하는 변수로 나타난다.
여기에 보손과 페르미온을 서로 맞바꿔 주는
대칭 변환인 초대칭을 도입한 끈 이론을 '초끈
이론'이라고 부르는데, 초끈 이론은 페르미온에도
끈 이론을 적용한다.

손에만 적용되는 보손 끈 이론으로, 보손은 끈을 기술하는 변수로 나타난다. 여기에 보손과 페르미온을 서로 맞바꿔 주는 대칭 변환인 초대칭supersymmetry을 도입한 끈 이론을 '초끈 이론'이라고 부르는데, 초끈 이론은 페르미온에도 끈 이론을 적용한다. 끈 이론 가운데 가장 유명한 스타가 이 초끈 이론이라, 보통 언급되는 '끈 이론'은 초끈 이론이라고 봐도 좋다.

끈 이론은 세상 모든 만물의 근원을 진동하는 끈으로 설명하려고 한다. 왜 끈 이론자들은 굳이 끈으로만 이루어진 세상을 만들고 싶어 할까? 오래전부터 과학자들의 염원은 하나의 작은 발견을 크게 확대해 모든 것이 전부 똑같다는 식으로 깔끔하게 통합해 버리는 것이다. 떨어지는 사과를 보고 중력을 찾아냈다던 뉴턴의 일화만 해도, 지상에서 일어난 일을 우주로 확대해 태양계 행성들의 모든 움직임을 설명하려는 열망이 보인다.

달콤하게 정리된 중력을 맛본 과학자들은 새롭게 발견된 힘들에도 눈길을 돌렸다. 19세기 영국의 물리학자 제임스 클러크 맥스웰은 전류가 흐를 때 자기장이 생긴다는 사실을 알아냈고, 전기력과 자기력으로 분리되어 있던 두 가지 힘을 통합했다. 여기서 멈추면 좋았을 텐데, 혹시 중력도 끼워 넣을 수 있지 않을까 생각한 게 바로 그 유명한 아인슈타인이었다. 딱 봐도 방정식의 형태도 서로 비슷하고,

전자기력에 중력만 합치면 우주의 모든 것을 설명할 수 있는 궁극의 이론이 될 것만 같았다. 간단하지 않은 문제로 아인슈타인이 머리를 싸매고 있을 때, 양자역학이라는 새로운 학문의 영역이 등장했다. 중력과 전자기력을 통일하느라 바쁜 아인슈타인에게 기존 고전역학과 너무 다른 양자역학은 미움의 대상이었다.

양자역학은 작은 세계를 설명할 수 있는 유일한 이론이라, 이를 외면하고서는 힘들을 통일하기는커녕 그 근원조차 설명할 수 없었다. 힘의 통합을 위해서는 우선 물질을 구성하는 가장 작은 단위를 찾아내야 하는데, 양자역학의 도움 없이는 이것이 불가능하기 때문이다. 양자역학을 싫어하던 아인슈타인이 엉뚱하게 시간을 보내는 동안, 우주를 구성하는 또 다른 두 가지 힘인 강력과 약력도 발견되었다. 이제 중력뿐만 아니라 미시 세계에서만 작동하는 힘도 함께 정리해야 했다. 양자역학을 무시하고 전자기력과 중력만 합치려고 했던 희대의 천재는 결국 죽을 때까지 성공하지 못하고 76세의 나이로 사망한다. 하지만 힘을 통합하는 것이 그만큼 어려운 시도라는 소문도 파다해졌다.

모든 것을 통일하는 궁극의 이론은 온 우주에 적용되어야 하는데, 중력을 기반으로 하는 일반 상대성이론은 거시적인 세계에서만 작동했고, 양자역학은 미시적인 영역에서만 이해가 되었다. 과학자들은 어쩔 수 없이 큰 세상과 작은 세계를 구분해서 이론을 적용했다. 나름 나쁘지 않았고, 모두가 행복해했다. 문제는 블랙홀이라는 복병이었다. 질량이 크고 거대해 중력이 강하게 작용하는 천체지만, 특이점 안쪽의 중심부는 매우 작아 양자역학을 적용할 수밖에 없었다. 일반 상대성이론과 양자역학을 동시에 적용할 수 있는 이론이 필요해진 것이다. 하지만 아무도 그런 이론을 갖고 있지 않았다. 그래서 끈 이론이 등장했다.

우주를 구성하는 최소 단위가 끊임없이 진동하는 가느다란 끈이라면 어떨까? 끈이 움직이는 형태에 따라 기본 입자의 종류가 바뀐다면, 중력에 양자역학을 접목할 수도 있지 않을까? 보이지 않거나 질량이 없는 입자도 있기에, 비록 끈의 길이가 아무리 짧더라도 점이 아닌 선이라면 수학적 접근 과정에서 수식이 무한대로 무너지는 문제를 상당 부분 해소할 수 있었다. 끈 이론이 맞아떨어지는 상황을 만들기 위해 과학자들은 차원을 늘리기 시작했다. 3차원 축마다 각각 존재하는 3차원 시공간에 1차원의 시간 축을 더한 10차원을 기반으로 새로운 끈 이론들이 계속 파생되었다. 이후 미국의 물리학자 에드워드 위튼Edward Witten은 기존의 끈 이론들을 M이론이라는 하나의 이론으로 통합했는데, 이는 기존의 10차원에 얇은 막으로 만든 차원을 더 추가해 최종적으로 11차원을 만든 것이다.

현대물리학은 전자기력을 강력, 약력과 통합하는 표준

모형을 제시하고 있다. 우주의 네 가지 힘 가운데 벌써 세 가지나 합친 것이다. 하지만 여전히 표준 모형은 중력을 포괄할 수 없다는 한계를 갖고 있다. 하지만 초끈 이론을 사용하면 표준 모형의 근간인 양자역학을 중력에 적용할 수 있게 된다. 다만 끈을 양자화하기 위해서는 중력자가 존재해야 하는데, 아직 중력자는 관측되지 않고 있다. 미국의 페르미국립가속기연구소나 유럽입자물리연구소 등에서도 중력자가 여분의 차원으로 이동하는 순간을 관측하기 위해 노력하고 있지만, 현재 인류가 보유한 지식 수준으로는 접근 불가능한 영역에 있는지도 모른다.

끈 이론을 검증하는 과학적 방법

신의 존재를 과학적으로 검증할 수 없는 이유는, 반증할 방법이 없기 때문이다. 과학적인 검증을 하기 위해서는 반드시 반증 가능해야 한다. 도무지 믿기 힘들었던 양자역학 역시, 양자역학의 확률론적 해석을 반증할 수 있는 아이디어가 나오고 실험을 통해 이런 반증 아이디어가 틀렸다는 게 확인되면서 과학 이론으로 정립된 것이다. 하지만 끈 이론은 지금으로서는 입증도 반증도 할 만한 어떠한 실험적 방법론도 생각할 수 없다는 게 큰 문제다. 수학적으로는 깔끔하게 네 가지의 기본 힘을 통합할 수 있는 유일한 이론이지만, 아주 작은 끈의 형태가 11차원에 존재한다는 전제부터 검증할 방법이 없다. 누구도 여분의 차원을 관측하거나 관측할 방법을 찾을 수 없다. 이걸 과연 과학 이론이라고 볼 수 있을까?

양자 세계가 갖는 물리적 성질 중에 불확정성 원리가 있다. 입자의 위치와 운동량을 정확하게 관측할 수 없다는 말이다. 관측 장비의 한계 때문이 아니다. 원리적으로 그렇다. 그런데 재미있는 건 끈 속에서 불확정성 원리 때문에 양자 요동이 일어나면 끈의 진동 패턴이 그만큼 상쇄되고, 상쇄되고 남은 값은 기본 입자의 질량과 정확하게 맞아떨어진다는 것이다. 심지어 아직 발견하지 못한 중력자의 경우는 완벽히 상쇄되어 질량이 0이 된다. 아침에 급하게 외출하며 지폐와 동전들을 한 움큼 집고 나왔는데, 종일 사용한 돈과 1원의 차이도 없이 깔끔하게 맞아떨어져 빈손으로 귀가하는 셈이다. 우연의 일치라고 해도 수학적으로 너무 아름답다. 그러니 이런 아름다움에서 빠져나가지 못한 학자들이 끈 이론에 집착할 수밖에 없다.

아인슈타인은 이렇게 말했다. "삶을 사는 데는 두 가지 방법이 있다. 하나는 기적이 전혀 없다고 여기는 것이고, 다른 하나는 모든 것이 기적이라고 여기는 것이다." 모든 법칙을 통일하지 못했다고 의미 없다고만 할 수 없다. 초끈 이론을 포함해 지금까지의 모든 과정은 전부 기적이었다. 어찌 보면 과학자들은 끈 이론이 아름다워서 지지하는 게 아니라, 기적적인 변화의 순간을 그리워하기 때문일지도 모른다. 뻔히 아는 것보다 모르는 것을 집요하게 따라가고, 해결해 낸 결과보다 해결하는 과정에서 즐거움을 느끼는 건 그들에게 당연한 일이니까. 이게 과학자들이 끈으로 이루어진 세상을 만들어 낸 진짜 이유가 아닐까? 우리는 이미 셀 수 없이 많은 기적을 경험해 왔고, 앞으로도 그럴 것이다.

5부

무한보다 더 큰 무한을 담는 언어

기네스북까지 올랐던 수학 난제

358년 동안 누구도 풀지 못했던 페르마의 마지막 정리

될 놈은 되고 안 될 놈은 안 된다는 말은 가끔 그럴듯하다. 어릴 적 수학 학원 좀 다녀본 경험이 있다면, 반드시 들어봤을 법한 이름의 수학자가 있다. 바로 페르마Pierre de Fermat다. 피타고라스Pythagoras나 유클리드와 더불어 가장 유명한 수학자인데, 그가 프랑스의 법대를 졸업한 변호사라는 사실을 모르는 사람은 꽤 많다. 뛰어난 재능 덕분에 여전히 17세기 최고의 수학자로 인정받고 있지만, 그는 그저 수학이 재미있어서 취미로 즐겼을 뿐이다. 지금은 〈리그 오브 레전드League of Legends〉라는 게임의 '마이클 조던'이라 불리지만 게임이 그저 취미였던 세계 랭킹 1위, 페이커 이상혁 선수처럼 말이다.

심지어 뛰어난 증명을 해내도 스스로 그다지 중요하지 않다고 생각해서, 페르마는 그 사실을 딱히 어디에 밝히지도 않았다. 페르마의 죽음 이후 그의 아들이 책 여백에 끄적여 놓은 아버지의 낙서가 지닌 중요성을 전혀 눈치채지 못했다면, 우리는 아마 위대한 수학적 발견의 대부분을 놓

치고 살아왔을 것이다. 물론 그랬다면 수백 년 동안 셀 수 없이 많은 수학자가 고통받을 필요도 없었으니, 그건 그 나름대로 나쁘지 않았겠지만 말이다.

고대 그리스에는 디오판토스Diophantos라는 수학자가 있었다. 그 시절에는 수의 계산이란 노예처럼 천한 신분의 사람이 하는 일이었고, 교양인이라면 주로 도형이나 공간을 다루는 기하학을 공부했다. 하지만 특이하게도 디오판토스는 숫자 대신 문자를 써서 방정식을 계산하는 대수학에 몰두했다. 훗날 그의 묘비에는 이렇게 적힌다. "신의 축복으로 태어난 그는 인생의 6분의 1을 소년으로 보냈다. 그리고 다시 인생의 12분의 1이 지난 뒤에는 얼굴에 수염이 자라기 시작했고, 다시 7분의 1이 지난 뒤 아름다운 여인과 결혼했다. 결혼 후 5년 만에 귀한 아들을 얻었지만, 가엾은 아들은 아버지 수명의 반밖에 살지 못했다. 깊은 슬픔에 빠진 그는 그로부터 4년간 정수론에 몰입하다가 일생을 마쳤다."

맞다. 이건 정확하게 방정식이다. 사망 당시 나이를 미지수로 두고 계산해 보면, 그 결과는 84세가 나온다. 어떤 정신 나간 인간이 묘비에 방정식 문제를 써둘까 생각하겠지만, 이러한 그의 기행 덕분에 적어도 그가 몇 살까지 살았는지 알아낼 수 있었다. 너무 오래전 기록뿐이라 출생이나 사망 시기에 대한 단서가 전혀 없었지만 말이다. 그는 수학 문제에 처음으로 문자를 도입했는데, 덕분에 복잡한 수식이 훨씬 간단해졌다. 그의 저서 중 『산술Arithmetica』이라는 책이 있는데, 오늘의 주인공 페르마가 이 책을 늘 부적처럼 지니고 다니다가 그 여백에 적었던 문제가 바로 그 유명한 페르마의 마지막 정리다. 여백이 모자라 증명은 적지 않겠다는 수많은 패러디를 양산한 그 정리 말이다. 실제로 페르마는 항상 여백에 무언가를 적었기 때문에, 여백의 부족함을 탓하던 그의 푸념 섞인 낙서가 단순히 허세만은 아니었을 것이다.

평소 '사람 낚시'를 좋아했던 그는, 다른 수학자에게 자신은 이미 증명했지만 너도 한번 해보라는 식으로 여러 수학 문제를 남겼다. 특히 유명한 것으로는 정수론의 기본 정리 중 하나인 페르마의 소정리가 있다. 간단히 말해, 어떤 특별한 규칙을 갖는 큰 수를 나눈 나머지가 무조건 1이 된다는 것인데, 페르마가 언급한 문제의 증명은 1683년 독일의 수학자 고트프리트 라이프니츠Gottfried Leibniz가 해냈다. 아쉽게도 정확한 증명을 제시했던 라이프니츠의 소정리가 아니라, 무작정 던진 페르마의 이름을 딴 정리로 불린다. 결정적인 문제는 이런 경우가 한두 번이 아니라는 데 있다. 이탈리아의 수학자 토니첼리Evangelista Torricelli도 페르마에게 낚여서 삼각형의 세 꼭짓점으로부터 거리의 합이 최소가 되는 점을 힘겹게 구했으나, 대다수는 이 점을

'페르마의 점Fermat point'이라 부르고 있다. 페르마의 다각수 정리는 라그랑주, 가우스Carl Gauss, 코시Augustin-Louis Cauchy가, 두 제곱수 정리는 레온하르트 오일러Leonhard Euler가 각각 증명했지만, 역시 페르마의 업적으로 전해진다. 열정적인 오일러는 50년에 걸쳐 페르마가 무작정 남긴 내용을 대부분 증명해 냈으며, 덕분에 수학계에 많은 공헌을 했다. 물론 페르마만 유명해졌지만.

독일의 수학자 레오폴트 크로네커Leopold Kronecker가 이런 말을 남겼다. "수학자들의 진정한 천직은 시인이다. 단, 자유롭게 만들고 나면 나중에 엄밀히 증명해야 한다. 그것이 우리의 숙명이다." 숙명을 뒤엎었던 낚시왕 페르마 덕분에 뒷수습하던 수학자들만 죽어났다. 수학적 정리를 직관적으로 찾아내는 것 역시 엄청난 업적이지만, 증명은 아예 다른 영역이라고 할 수 있을 정도로 오래 걸리고 복잡하다. 심지어 떡밥을 던진 게 취미로 수학하는 변호사라는 것도 자존심 상하지만, 막상 문제를 보면 또 재미있고 풀어 볼 만해서 손대지 않을 수 없었다. 그래서 그동안 그렇게 열심히 수학자들을 갈아 넣어 해결해 나갔는데, 그중 유일하게 증명되지 않고 남아 있던 것이 바로 페르마의 마지막 정리였다. 페르마가 마지막으로 내놓은 난제가 아니라, 무려 358년 동안 버티며 마지막까지 증명되지 않았기 때문에 그리 불리게 되었다.

세상에서 가장 까다로운 수학 문제

"하나의 세제곱 수는 다른 2개의 세제곱 수의 합으로 표현될 수 없고, 네제곱 수 역시 다른 2개의 네제곱 수의 합으로 표현될 수 없다. 일반적으로 3차 이상의 거듭제곱 수를 같은 차수의 합으로 표현하는 것은 불가능하다. 나는 경이로운 방법으로 이를 증명했으나, 여백이 충분하지 않아 여기 적을 수 없다." 글로 쓰니 복잡해 보이지만, 전혀 복잡하지 않다. 우리는 이미 피타고라스의 정리를 알고 있지 않은가. 3의 제곱(9)과 4의 제곱(16)을 더하면, 5의 제곱(25)이다. 두 수를 각각 제곱한 것의 합이 또 다른 수의 제곱이 된다는 것인데, 여기서 제곱을 세제곱이나 그 이상으로 바꾸면, 제곱과는 달리 이걸 만족하는 정수가 절대 없다는 것이 페르마의 마지막 정리다. 식 자체가 초등학생도 이해할 수 있을 정도로 간단하다는 것이 이 난제의 가장 큰 함정이었다. 아예 범접할 수 없을 정도로 압도적인 카리스마를 뽐낸다면 감히 대들지 못했을 텐데, 해볼 만한 상황에서 죽어도 답은 안 나오니 수학자들도 미칠 지경이겠지. 희망 고문은 늘 절망으로 바뀌었고, 페르마의 마지막 정리는 '가장 악마적인 수학 난제'로 불렸다.

이제 수많은 수학자의 여정이 시작되었다. 우선 오일러, 르장드르Adrien Legendre, 힐베르트 등은 특정한 지수에서 빈칸에 들어갈 수 있는 정수가 존재하지 않는다는 것을

"하나의 세제곱 수는 다른 2개의 세제곱 수의 합으로 표현될 수 없고, 네제곱 수 역시 다른 2개의 네제곱 수의 합으로 표현될 수 없다. 일반적으로 3차 이상의 거듭제곱 수를 같은 차수의 합으로 표현하는 것은 불가능하다. 나는 경이로운 방법으로 이를 증명했으나, 여백이 충분하지 않아 여기 적을 수 없다."

독창적인 방법으로 증명했다. 하지만 이건 부분적인 증명이라 아직 해결할 식은 산더미처럼 많았다. 오만과 편견 속에서 천재성을 뽐내던 프랑스의 수학자 소피 제르맹Sophie Germain은 지수가 특정한 소수일 때 페르마의 마지막 정리를 증명할 방법을 제시했다. 오귀스탱루이 코시와 가브리엘 라메Gabriel Lame는 서로 경쟁하며 페르마의 마지막 정리를 분해된 소수의 형태로 다시 써보기 위해 인수분해를 기초로 도전했지만, 정해진 규칙에서 벗어나는 무한개의 소수들이 발견되면서 결국 실패했다. 이걸 지적했던 사람은 독일의 수학자 에른스트 쿠머Ernst Kummer였다.

당시 페르마의 마지막 정리가 수학자들 사이에서는 악명이 높긴 했지만, 결국 수학 문제였기 때문에 대중적이라고는 볼 수 없었다. 이 문제를 굉장히 유명하게 만든 수학자가 있는데, 바로 독일의 수학자 파울 볼프스켈Paul Wolfskehl이다. 짝사랑하던 여성에게 차이자 자살을 결심했던 그는 과연 수학자답게 정확히 자정에 삶을 끝내기로 하고, 무려 자살 직전 수학 서적을 뒤지며 남는 시간을 보내기 시작했다. 그때 그의 눈에 들어온 것이 바로 페르마의 마지막 정리에 대한 에른스트 쿠머의 논문이었다. 쿠머의 계산에서 오류를 발견하고 해결하기 위해 몰두한 사이 시간은 이미 자정을 훌쩍 넘어버렸고, 페르마의 마지막 정리로 인해 새로운 삶의 목표를 찾게 된 그는 이를 증명한 사람에게 자신의 이름을 딴 볼프스켈상을 수여하고 전 재산을 상금으로 주기로 약속했다. 그리고 이 상금 덕분에 페르마의 마지막 정리가 대중에게도 알려지게 되었다. 이후 볼프스켈상 심사위원회에는 셀 수 없이 많은 증명이 도착했고, 쌓아둔 증명들의 높이만 무려 3미터에 달했다. 심지어 페르마의 마지막 정리는 틀린 증명이 가장 많이 발표된 정리가 되었고, 세상에서 가장 까다로운 수학 문제로 기네스북에도 올랐다.

밀레니엄 7대 난제의 시작을 알리는 신호탄

1955년 일본의 수학자 다니야마Yutaka Taniyama와 절친한 친구 시무라Goro Shimura는 변형해도 형태가 유지되는 보형 형식을 연구하다가 다니야마-시무라 추측Taniyama-Shimura conjecture을 발견했다. 이건 전혀 상관없어 보이는 보형 형식과 타원곡선이 서로 관련 있다는 것이다. 어려우니 그냥 보형 형식을 당근이라고 하고, 타원곡선을 당근 케이크라고 하자. 다들 먹길 꺼리는 당근을 당근 케이크로 바꾸면 굉장히 잘 팔린다. 즉, 보형 형식으로는 도저히 풀리지 않는 문제를 타원곡선으로 바꾸면 비교적 쉽게 풀린다는 것이다. 그로부터 20여 년 후, 1986년 독일의 수학자 게르하르트 프레이Gerhard Frey는 페르마의 마지막 정리도 타원곡선으로 바꿀 수 있다는 놀라운 주장을 펼쳤다. 이렇게 만들어진 가상의 타원 방정식이 존재하지 않는다는 것만 밝혀내면, 페르마의 마지막 정리를 만족하는 정수가 없다는 것을 증명했다고 볼 수 있다. 이로써 다니야마-시무라 추측만 증명하면, 페르마의 마지막 정리를 자동으로 증명할 수 있게 된 것이다.

영국의 수학자 앤드루 와일스Andrew Wiles는 열 살 무렵 하굣길에 지역 도서관에 우연히 들렀다가 페르마의 마지막 정리를 발견하고 완전히 매료당했다. 이후 이 정리를 증명할 기회만 엿보며, 꾸준히 수학자의 길을 걸었다. 하지만 그의 지도교수 역시 증명이 불가능해 보이던 페르마의 마지막 정리 대신, 당시 그것과 전혀 관계없어 보였던 타원곡선을 그에게 전공으로 추천했다. 행운이란 준비가 기회를 만났을 때 나타난다. 놀랍게도 페르마의 마지막 정리와 가장 밀접한 것이 바로 그의 전공이었던 타원곡선이었다. 물론 결코 쉬운 일은 아니었다. 당근이 당근 케이크로 바뀌었지만, 무한개의 당근 케이크가 전부 존재하지 않는다는 것을 밝혀내야만 했다. 검토 과정에서 문제점이 발견되기도 했지만, 와일스는 1년이 넘는 은둔 생활 끝에 더욱 간결한 증명을 해냈다. 비록 완벽한 증명은 아니었지만, 전설적인 난제를 정복하기에는 충분했다. 볼프스켈상 역시 90년 만에 주인을 찾게 되었다.

페르마의 마지막 정리가 증명되자 수학자들은 행복해

했을까? 그들은 기뻐하기는커녕 오히려 목표를 잃었다고 좌절했다. 와일스는 페르마의 마지막 정리를 증명한 이후 새 문제 만들어 달라는 부탁에 시도 때도 없이 시달리게 되었다. 그래서 탄생한 것이 바로 밀레니엄 7대 난제로, 수학자들은 유일하게 증명된 푸앵카레 정리를 제외한 나머지 6개의 난제에 여전히 즐거운 마음으로 도전하고 있다. 페르마의 마지막 정리에 관한 이야기는 여기까지다. 사실 이번 내용은 아름다운 증명 과정에 비유를 포함시켜 훨씬 경이로운 글로 작성했으나, 본지의 여백이 충분하지 않아 여기 모두 적을 수 없었다는 점을 밝힌다.

4차원 같다는 소리를 들어도
놀랍지 않은 이유

수학적이며 기하학적인 차원의 명확한 정의

종종 눈치 없이 민폐를 끼치는 사람에게 부정적인 의미로 사용되기도 하지만, 보통은 엉뚱한 매력의 보유자들을 4차원 같다고 한다. 일상생활에서는 이렇게 자연스럽게 등장하지만, 물리학에서 '차원'이라는 단어가 나타나면 도대체 무슨 말을 하는 것인지 알 수가 없는 게 현실이다. 여기저기서 들리는 차원이란 무엇이며, 어떻게 써먹어야 할까?

차원이라는 개념은 기원전부터 존재했다. 고대 그리스의 수학자 유클리드Euclid는 자신의 책인 『원론Elements of Geometry』을 통해 점, 선, 면, 입체에 대해, 점은 부분이 없는 것, 선은 폭이 없는 길이, 면은 길이와 폭만 있는 것, 입체란 길이와 폭과 높이를 갖는 것으로 정의했다. 이를 차원으로 이야기하면, 점은 0차원, 선은 1차원, 면은 2차원, 입체는 3차원이 된다. 차원 앞에 붙는 숫자들의 의미부터 차근차근 알아보자. 나는 생각한다, 고로 나는 존재한다고 말했던 프랑스 철학자이자 수학자 르네 데카르트René Descartes는 무언가의 정확한 위치를 결정하기 위해 좌표라는 개념을 만들었다. 이는 임의의 차원의 유클리드 공간을 나타내는 좌표계 중 하나인데, 여기서 차원이라는 개념이 등장한다. 간단히, 차원이란 한 점의 위치를 정확하게 결정하는 데 필요한 수치의 개수다.

오직 점 하나만 존재하는 세상이라면, 부분이 없는 점 안에서는 위치를 정할 수가 없다. 그래서 점은 0차원이다. 하지만 선이 되면, 기준점으로부터 다른 한 점의 거리를 알 수 있다. 최소한 하나의 수치만 있어도 위치를 결정할 수 있다는 말이다. 그래서 선은 1차원이다. 망망대해 한가운데 혼자 떠 있다면 여기가 어딘지 알 수 없다. 면에서는 갈 수 있는 방향이 두 가지라서, 이제 수치가 2개 필요한 2차원이 된다. 같은 방식으로 높이가 포함된 입체는 3차원이다. 고층 아파트에 사는 먼 친척의 집을 찾아갈 때, 지도상의 위치를 아무리 정확하게 알아도 몇 층인지를 모르면 친척 집에 도착할 수 없다. 여기서 우리가 인식할 수 없는 더 높은 차원으로 가면 굉장히 복잡해지기에, 이쯤에서 각 차원의 특성을 비교하며 이야기해 보자.

1차원 세계에 사는 개미가 있다고 가정해 보자. 곡선이건 직선이건 선 위에 사는 이 친구의 눈에는 오직 선 끝의 점만 보일 것이다. 2차원 세계에 사는 개미는 보이는 모든 것이 선이다. 원이든 삼각형이든 옆면에서 보면 전부 똑같은 선이기 때문이다. 우리가 사는 3차원 세계라면 모든 것은 면으로만 보인다. 마치 면이 아닌 다른 형태가 보이는 것 같아도 잘 분석해 보면 전부 가상의 정보다. 피카소의 입체주의는 3차원 세상 속 대상을 눈에 보이지 않는 부분까지 포함된 여러 시점으로 그림을 그렸기에 유명해졌다. 당시로서는 엄청난 혁신이었다. 그렇다면 3차원이 실제로 어떤 형태인지 전체적으로 볼 수 있는 방법은 없을까? 간단하다. 4차원 이상의 세상에서 3차원을 보면 된다. 우리가 우리보다 낮은 차원인 점이나 선을 한 번에 볼 수 있듯이, 4차원에서는 진짜 입체를 볼 수 있을 것이다. 이제 4차원으로 가보자.

우리가 사는 세상이 몇 차원인지 확인하는 방법

과거에는 3차원부터 내려오는 형태로 차원을 상상했기에, 유클리드는 입체의 끝은 면, 면의 끝은 선, 선의 끝은 점이라는 표현을 썼다. 아쉽게도 그리스의 철학자 아리스토텔레스 역시 3차원 이상의 차원이 없다고 말했지만, 프랑스의 수학자 앙리 푸앵카레의 생각은 달랐다. 차원을 기존과 반대로 정의한 그는 끝이 0차원 점이 되는 것이 1차원이라고 말했다. 그렇다면 끝이 1차원 선이라면 2차원, 끝이 2차원 면이라면 3차원이 되는 것이다. 이렇게 올라가면, 끝이 3차원 입체인 4차원이라는 새로운 차원을 생각할 수 있다. 입체가 차원의 꼭대기가 아니라 더 높은 차원까지 계속 이

기존과 반대로 차원을 정의했던 그는 끝이 0차원
점이 되는 것이 1차원이라고 말했다. 그렇다면
끝이 1차원 선이라면 2차원, 끝이 2차원 면이라면
3차원이 되는 것이다. 이렇게 올라가면, 끝이 3차원
입체인 4차원이라는 새로운 차원을 생각할 수 있다.

런 방식으로 얼마든지 올라갈 수 있게 되는 것이다.

점을 움직이면 선, 선을 움직이면 면, 면을 움직이면 입체, 그렇다면 입체를 움직이면 입체의 다음 단계인 초입체가 등장한다. 다시 말해, 선은 2개의 점으로 둘러싸여 있으며, 면은 4개의 선, 입체는 6개의 면으로 둘러싸여 있다. 그렇다면 간단하다. 초정육면체 역시 8개의 정육면체로 둘러싸여 있으면 된다. 물론 4차원 공간에서만 가능한 형태라서 현실에 존재하는 어떠한 입체도형도 8개의 정육면체로 둘러싸일 수는 없다. 초정육면체가 아닌 다른 4차원 형태는 더 복잡해지긴 하지만, 중요한 건 차원을 기하학적으로 접근할 수 있다는 사실이다.

이제 현실 세계의 차원을 떠올려 보자. 만지면 입체감이 있고 보기에도 그렇지만, 과연 정말 3차원일까? 사실 우리는 현실 세계의 빛으로부터 눈 안쪽의 평평한 망막에 맺히는 2차원 정보를 볼 뿐이다. 물체의 상은 평면이 되지만, 좌우 안구가 떨어진 만큼, 상의 어긋남을 바탕으로 깊이라는 정보가 추가된다. 즉, 우리가 3차원으로 보인다고 믿는 세상은, 실제로는 뇌에서 임의로 재구성한 가상의 3차원일 뿐이다. 그럼 세상이 사실 2차원인 것은 아닐까? 2차원과 3차원을 비교해 확인해 보면 정확하다. 다행히 2차원에는 존재하지 않고, 오직 3차원에만 존재하는 대상이 있다. 바로 뚫린 구멍이다. 2차원 도형을 위에서 아래로 구멍을 뚫으면 그저 2개의 도형으로 나누어질 뿐이다. 하지만 3차원에서는 도넛 모양으로 뚫린 구멍이 가능하다. 우리가 사는 차원이 몇 차원인지에 대한 여러 가설이 있지만, 2차원이라면 현재 우리의 몸과 같은 구조가 생기는 건 불가능하다. 위상수학적으로 입부터 항문까지 뚫려 있기 때문에 진작에 몸이 둘로 나뉘었을 테니까.

일단 3차원 세계에 살고 있다고 가정하고, 그보다 고차원일 경우도 알아보자. 만약 3차원의 구가 자기 세계로 2차원의 원을 데려가면, 과연 원이 그 세계를 이해할 수 있을까? 2차원 존재는 3차원 물체의 단면밖에 볼 수 없기에, 알고 있는 단어로 최선을 다해 보이는 것들을 설명한다 해도 제한적일 수밖에 없다. 그래서 우리도 스스로 설명할 수 있는 차원까지를 우리 세계라고 본다. 물론 여기에는 시간 차원이 빠져 있다. 우리가 4차원이라고 부르는 시공간은 3차원의 공간과 1차원인 시간 차원을 더한 것이다. 그런데 시간 차원은 왜 굳이 1차원일까? 시간 차원이 2차원 이상이라면 과거와 미래가 만나는 경우가 발생한다. 과거와 미래가 섞여 구분할 수 없어지므로, 당연하게 생각하던 인과관계가 전부 틀어지게 된다. 그래서 시간은 공간처럼 자유롭게 이동할 수 없고, 오직 하나의 방향을 가지며 한쪽으로만 이동할 수 있다. 이게 현재까지 우리 세계의 차원을 가장 정확하게 설명하는 내용이다.

평평한 나라의 정사각형이 인식하는 3차원 세상

직선은 두 점 사이를 잇는 길이가 최소인 선으로 정의된다. 반대로 곡선은 최소가 아닌 선이다. 매우 명확한 이야기처럼 들리지만, 사실 차원이 달라지면 결과도 달라진다. 두 점이 찍힌 구를 2차원으로 보면, 직선이란 구의 표면을 따라 휘어 지나가는 선이다. 하지만 3차원에서는 길이가 최소인 선을 그리면 구를 뚫고 지나간다. 즉, 직선에 대한 정의조차 우리가 속한 차원에 따라 달라질 수 있다는 말이다. 절대적인 정의가 존재하지 않는 상황에서, 우리는 어떠한 똑바름이나 휘어짐도 알아챌 수 없다. 그렇다고 포기할 수는 없다. 우주가 휘어진 정도로 빅뱅 이후 우주가 어떻게 지금의 구조를 이루게 되었는지 추측할 수 있기 때문이다. 그래서 우주의 곡률을 구하는 건 인류에게 매우 중요한 문제다.

직선의 정의가 차원에 따라 변한다는 사실을 인정하는 순간, 우리는 영원히 우주의 곡률을 구할 수 없게 되어버릴지도 모른다. 여전히 우주가 몇 차원인지조차 정확하게 모르는 슬픈 지적 생명체이기 때문이다. 그럼 어떻게 해야 할까? 아인슈타인은 우리가 사는 4차원 시공간이 과연 절대적인지 질문을 던졌다. 관측하는 사람의 관점에 따라 시공간은 늘어나거나 줄어든다. 이게 바로 상대성이론이다. 그리고 여기에는 다행히 어떠한 상황에서도 변하지 않는 빛의 속력이라는 하나의 절대적인 기준이 존재한다. 자연계에서 가장 중요한 건 두 점을 잇는 길이가 최소인 선이며, 진공 속의 빛은 일반적인 상황에서 흔들리지 않고 완벽한 직선을 표현할 수 있다. 그래서 천문학자들은 우주의 곡률을 구할 때, 우주배경복사cosmic microwave background radiation라는 빛을 이용하며, 쉽지 않은 차원에 대한 이해도를 높이기 위해 멈추지 않고 여전히 노력하는 중이다.

1884년, 영국 빅토리아 시대의 언어학자이자 신학자인 에드윈 애보트Edwin Abott는 최초의 SF 소설 『플랫랜드 Flatland』를 대중에게 선보였다. '다차원의 로맨스A Romance of Many Dimensions'라는 부제가 붙었던 이 소설은 정사각형이 경험한 3차원 세상에 대한 수기다. 간단히 말해, 납작한 2차원 세상에서 살아온 존재가 3차원 세상을 접하고 나서, 다시 돌아와 자신의 경험담을 말하다가 불온한 사상을 전파한다는 이유로 종신형을 선고받는다는 이야기다. 그만큼 차원에 대한 개념은 설명하기가 쉽지 않고, 누구에게도 이해시킬 수 없다는 말이다.

미국의 위대한 과학 소설가 아이작 아시모프Isaac Asimov는 이 책의 미국판 서문에서 다음과 같이 평가했다. "우리가 아는 한, 공간의 여러 차원을 인식하는 방법을 가장 잘 소개한 작품이며, 단순히 기하학의 지식을 재치 있고 재미있게 다룬 것이 아니라, 우리의 우주와 우리 자신에 대한 깊이 있는 사색까지 담고 있는 한 편의 학위논문과 같은 소설이다." 차원이란 인류의 사고를 뛰어넘는 개념이다. 플랫랜드의 정사각형은 그나마 본인이 다녀온 3차원 세상의 경험을 토대로 이야기를 꺼낼 수 있었지만, 우리는 오직 과학적 사고만으로 미처 가보지도 못한 고차원 세계를 상상하고 관련된 가설들을 만들어 내고 있다. 사고를 뛰어넘는 개념을 사고한다는 것, 이게 바로 차원보다 위대한 과학자들의 끈질긴 집념이다.

쓸모없어 보이지만 아름다운,
그래서 더욱 쓸모 있는 수학

세계 7대 수학 난제 중 유일하게 풀린 문제

수학이라면 지긋지긋하다. 학창 시절 풀리지 않는 문제에 머리를 싸매다 보면, 풀고 있는 것이 나인지 나비인지 호접지몽을 꾸는 경지에 이르게 되곤 했다. 지금이야 정말 그렇게 어려웠을까 하는 생각이 들기도 하지만, 난이도라는 것은 상대적이니 쉽게 단정 지을 수는 없다. 물론 절대적인 극악의 난이도 문제라는 것이 존재하기도 한다. 바로 '밀레니엄 문제Millennium Prize Problems'라 불리는 세계 7대 난제다.

2000년, 다가오는 21세기를 한껏 기대하던 수학자들은 뭔가 재미있는 이벤트 같은 게 없을까 고민하다가 수학계에서 가장 중요하고 어려운 문제 7개를 뽑기로 했다. 나비에-스토크스 방정식의 해의 존재와 매끄러움, 리만 가설, 버츠와 스위너톤-다이어 추측, 양-밀스 가설의 존재와 질량 간극, 호지 추측, P-NP 문제, 그리고 푸앵카레 추측. 왠지 외워두면 언젠가 명절에 퀴즈쇼를 보다가 아는 척할 기회가 한 번쯤은 올 것 같지만, 그러기엔 뇌 용량이 아까울 수도 있다. 중요한 건 이 중에 풀린 문제가 딱 하나 있다는 것이다. 바로 푸앵카레 추측이다.

3분 만에 즐겨 먹는 레토르트식품과 비슷한 이름을 갖고 있다거나 유일하게 증명되었다고 해서 우습게 봐서는 곤란하다. 그 추측이 제기된 1904년 이후 증명하기까지 무려 100년 가까이 되는 긴 시간이 걸렸고, 저명한 수학자들이 증명 내용을 검증하는 데만 꼬박 3년이 걸렸다. 여기서 이 증명 내용을 이해하는 건 불가능하겠지만, 해결 과정이 얼마나 훌륭했는지 느낄 수 있기를.

우주의 모양이 궁금했던 푸앵카레

인류 탐험의 역사에서 마젤란은 지구를 돌았다. 그리고 확신했다. 지구는 둥글구나. 모두가 환호했지만, 한 사람은 고개를 저었다. 지구가 구형이 아니라 가운데 구멍이 뚫린 도넛 모양이더라도 배를 타고 한 바퀴를 돌 수 있다는 것이 그의 주장이었다. 그리고 그가 새롭게 제안한 방식은 배에 밧줄을 달고 지구를 한 바퀴 돈 뒤에 밧줄을 끌어당기는 것이었다. 어디에도 걸리지 않고 당겨진다면 지구는 둥근 게 맞다. 하지만 밧줄이 어딘가에 걸린다면, 지구는 구형이 아니라 도넛 모양일 수도 있다. 터무니없는 트집을 잡았던 그는 프랑스의 금수저 수학자 앙리 푸앵카레였다.

푸앵카레는 아버지가 의대 교수, 사촌 동생이 프랑스

12대 대통령 레몽 푸앵카레인 명문가에서 명석한 두뇌를 갖고 태어났다. 위상수학, 대수기하학, 상대론, 천체역학, 미분방정식, 열역학, 과학철학 등 다양한 분야에서 업적을 남겼기에, 수학자이면서도 노벨 물리학상 후보로 자주 거론되었다. 평소 우주에 관심이 많았던 그는 어느 날 우주의 모양을 알 수 있을 것이라 생각하며, 한 가지 추측을 내놓았다. 바로 푸앵카레 추측이었다.

그 추측이 담긴 수식을 말로 옮기면 다음과 같다. '명확하게 끊어지는 부분이 없이 하나로 연결된, 닫혀 있고 무한하게 뻗어나가지 않는 세상의 다양한 형태는 당구공과 위상동형이다.' 역시 어렵다. 이번에는 마젤란이 지구를 돌 때 사용할 뻔했던 밧줄이라는 개념을 넣어보자. 우주에 어떻게 밧줄이 놓여 있더라도, 자르거나 끊지 않고 한 점으로 모을 수 있다면, 우주는 당구공과 위상동형이다. 여기서 '위상동형'이라는 표현이 생소할 텐데, 이는 위상수학의 개념이다. 기존의 기하학에서는 삼각형, 사각형, 원이 서로 전혀 다르게 정의되는 도형들이지만, 위상수학에서는 셋 모두 같다고 보며 이를 '위상동형homeomorphic'이라고 부른다. 가위로 자르지 않고, 오직 조물조물 주물러서 비슷한 모양으로 만들 수 있다면 전부 위상동형이다. 쉽게 말해, 대충 비슷하다는 것이다.

우리는 살 집을 고를 때 구조를 보고 까다롭게 고른다.

집이 25평이라면 방이 몇 개고, 문이 어디에 있는지가 중요하다. 하지만 100평은 어떨까? 이미 충분히 넓기 때문에 아마 좁은 집을 고를 때만큼 꼼꼼히 보지는 않을 것이다. 만약 수십만 평의 넓은 집이라면, 아니 아예 무한대에 가까운 크기의 집이라면, 세세한 구조가 중요할까? 아마 전혀 중요하지 않을 것이다. 우주는 굉장히 넓기 때문에 형태를 알아내는 것이 너무 어렵지만, 아주 단순화시키면 대략적으로라도 추측할 수 있지 않을까?

우주선에 밧줄을 달고 우주를 크게 한 바퀴 돌아 다시 지구로 귀환했을 때, 출발 당시 지구에 묶여 있던 밧줄과 도착한 밧줄의 끝을 함께 잡아당겨서 어디에도 걸리지 않고 끝까지 당길 수 있다면, 우주의 모양은 당구공과 대충 비슷하다는 말이다. 우주를 탐험하기 위해서는 대강의 형태를 알아야 했고, 그래서 그는 인류에게 아주 위대한 추측을 던졌다.

98년 만에 증명된 희대의 난제

푸앵카레는 우선 우주가 몇 차원인지 궁금했다. 2차원 평면의 존재가 우리를 볼 수 없는 것처럼, 3차원 세계의 우리는 4차원 존재를 상상할 수도 없다. 그런데 수학에서는 아주 쉽게 해결된다. 1차원은 하나의 좌표이며, 2차원은 2개, 3차원은 3개, 심지어 무한대의 차원까지도 수학적으로는 적을 수 있다.

그럼 지구는 몇 차원일까? 3차원일 것 같지만, 보통 2차원이다. 우리는 지구의 모든 위치를 위도와 경도, 단 두 가지 좌표로 표현한다. 지구는 3차원이지만, 지구 표면은 2차원이라는 말이다. 아파트 꼭대기 높이라고 해봐야 지구 전체 크기에 비하면 무시할 만한 수준이다. 우리는 2차원인 지구 표면을 여행한다. 만약 우주여행을 하는 것이 4차원의 표면인 3차원에서 움직이는 것이라면, 밧줄을 달고 한 바퀴 돌아오는 방법으로 3차원 안에서 4차원 우주의 형태를 알 수 있지 않을까? 이게 바로 진짜 푸앵카레 추측이다. 물론 푸앵카레 추측이 증명된다고 해서, 실제 우주의 모양을 밝혀낼 수 있다는 말은 아니다. 말하자면, 이는 범죄자를 지목하는 것이 아니라 범인을 검거하는 수사 방식이 일리가 있다는 증명이다.

이제 수많은 수학자의 여정이 시작되었다. 재미있게도, 푸앵카레 추측은 고차원일 때 풀리기 쉽고 저차원일수록 풀기 어렵다. 밧줄이 당겨질 때 차원이 낮으면 꼬여버리는데, 차원이 높으면 엉키기가 쉽지 않기 때문이라고 이해하면 쉽다. 5차원 이상에서의 푸앵카레 추측을 완벽하게 증명해 낸 스티븐 스메일Stephen Smale 박사, 4차원에서 푸앵카레 추측을 증명한 마이클 프리드먼Michael Freedman을 지나, 미국의 수학자 윌리엄 서스턴William Thurston은 드디

만약 우주여행을 하는 것이 4차원의 표면인
3차원에서 움직이는 것이라면, 밧줄을 달고 한 바퀴
돌아오는 방법으로 3차원 안에서 4차원 우주의
형태를 알 수 있지 않을까? 이게 바로 진짜 푸앵카레
추측이다.

어 3차원에서 우주의 형태가 될 만한 후보를 8개로 압축해냈다. 이를 '기하화 추측geometrization conjecture'이라고 한다. 즉, 3차원 세상에서 모든 형태는 구 모양 1개와 도넛 모양이 변형된 7개 딱 여덟 종밖에 없고, 우주도 그중 하나의 모양이라는 뜻이다. 기하화 추측이 증명되면, 8개의 형태 중에서 밧줄을 잡아당겼을 때 어디에도 걸리지 않는 건 구 모양뿐이니, 자연히 우주는 당구공 모양이 될 수 있으며 푸앵카레의 추측도 증명된다.

그리고 2002년 11월 11일, 온라인 논문 자료실에 조용히 한 편의 논문이 올라왔다. 바로 기하화 추측을 증명하는 내용이었다. 그리고리 페렐만Grigori Perelman의 등장이었다. 존재하는 모든 형태를 잘라내고 부드럽게 마감 처리를 해서 딱 8개의 형태로 표현했고, 기하화 추측의 증명을 통해 푸앵카레 추측도 함께 해결했다. 1904년부터 98년간 누구도 해내지 못했던 가설의 증명, 밀레니엄 난제의 해결을 37세의 젊은 수학자가 해낸 것이다.

말로는 쉬워 보이지만, 물리학의 엔트로피까지 응용했기 때문에 실제로 이해하기는 굉장히 어렵다. 39쪽에 불과한 짧은 논문을 검증하기 위해, 예일대학교와 컬럼비아대학교 등의 저명한 수학자들이 모여 팀을 짜고 1,000페이지에 달하는 해설서를 만들었다. 그리고 2006년 푸앵카레의 추측이 완전히 증명되었다고 선언한, 존 모건John Morgan

교수는 페렐만의 증명에 대해 다음과 같은 소감을 남겼다. "우리는 이 어려운 난제의 증명이 끝나버린 것에 낙담했다. 그리고 위상수학을 사용하지 않고 증명한 것에 낙담했다. 심지어 처음에는 증명 내용을 누구도 이해하지 못한 것에도 낙담했다."

거절 장인이 된 수학 천재

세계 최고의 수학자들에게 3단 고음 수준의 3단 낙담을 안겨준 페렐만은 천재 수학자 레온하르트 오일러의 도시, 상트페테르부르크에서 태어났다. 박사를 마치고 스탠퍼드, 프린스턴 등 유명 대학교에서 초청을 받았지만 거절하고, 수학 말고 다른 건 하지 않겠다는 일념으로 고향인 상트페테르부르크 스테클로프 수학연구소Steklov Institute of Mathematics로 진로를 결정했다. 1996년 유럽수학회상도 자신의 연구가 완성되지 않았다는 이유로 거절했다.

푸앵카레 추측이 증명되고 나서, 중국계 미국인 수학자 싱퉁 야우Shing-Tung Yau가 페렐만의 논문을 그대로 베껴 그의 증명은 틀렸고 우리가 한 증명이 진짜라고 주장했는데, 여기서 크게 상처를 받은 페렐만은 2006년 국제수학자대회에서 필즈상을 거절, 국제수학연맹 회장이 러시아까지 찾아가서 삼고초려를 했는데도 거절, 미국의 여러 우수 대학교 교수직도 전부 거절, 3년 후 클레이 수학연구소Clay

Mathematics Institute에서 밀레니엄 난제를 해결했으니 11억 상금을 주겠다고 했지만 거절, 철벽남이라 연락조차 거절, 상트페테르부르크에서 상금 받아서 기부하라고 했으나 역시 거절, 러시아과학아카데미에서 정회원으로 추천했으나 거절, 전 세계 유명 매체의 인터뷰 역시 모두 거절했다.

현재 그는 어머니와 단 둘이 작은 아파트에서, 나라에서 주는 실업수당으로 끼니를 때우며 4차원에 존재하는 형태들은 모두 몇 개인지 찾는 것으로 알려졌다. 그저 원해서 공부했고, 그래서 연구했을 뿐인 페렐만은 유명해지고 싶은 마음은 전혀 없고, 오직 연구만 하고 싶었던 것이다. 그리고 그 이유는 처음 추측을 제시한 푸앵카레의 말 속에서 찾을 수 있다. "과학자가 자연을 연구하는 이유는 쓸모 있기 때문이 아니라 아름답기 때문이다. 만약 자연이 연구할 가치가 없다면, 우리의 인생 또한 살 가치가 없을 것이다."

수학 이론을 연구하는 것이 세상을 살아가는 데 쓸모없다고 말하는 사람도 있다. 하지만 상관없다. 수학자들은 그저 수학이 아름답고 경이롭기 때문에 하는 것이니까. 이건 생각보다 굉장히 큰 가치다. 물론 쓸모도 있지만 말이다.

인류 역사상 가장 중요하고
유명한 상수

수학계의 초월적인 인기 스타, 원주율

2020년 초 대한민국을 뒤흔든 트로트 열풍이 있었다. 트로트 장르가 탄탄한 마니아층을 보유하고 있지만 보편적인 인기를 끌지는 못한다는 것도 옛말이다. 출연자들에게 일종의 임무를 부여하고, 결과에 따라 생존하거나 하차하는 트로트 서바이벌 방송은 최고 시청률이 35퍼센트를 넘었다. 대국민 실시간 문자 투표에서 최다 득표를 차지했던 임영웅은 일약 스타가 되었고, 전국에서 모르는 사람이 없을 정도로 유명해졌다. 리모컨만 누르면 그가 등장하는 광고가 나오며, 길거리에서 들려오는 익숙한 노랫가락에는 항상 그의 목소리가 담겨 있다. 성인가요계에 대한 인식 자체를 바꾼 대단한 변화였다.

예상했겠지만, 가수나 장르에 관한 이야기를 꺼내려는 건 아니다. 이렇게 사람들의 관심을 끌었던 존재는 수학계에도 있었다. 학창 시절 싫증이 나도록 보고 들었을 파이π다. 당연히 영국에서 유래된 넓적한 빵을 말하는 건 아니다. 물론 공대생 유머인 '초코파이의 초콜릿 함유량을 구하기 위한 계산'에서는 파이가 보유한 중의적 의미를 활용하기도 한다. 초콜릿을 초코파이로 나누면 $1/\pi$만 남고, 결국 31.83퍼센트라는 결과가 나오니까. 이런 간단한 계산이 가능할 정도로 파이는 유명하다.

'π' 기호는 둘레를 뜻하는 그리스어 '$\pi\varepsilon\rho\iota\mu\varepsilon\tau\rho o\zeta$'의 첫 글자를 가져온 것이며, 스위스의 천재 수학자 레온하르트 오일러가 처음 사용했다. 이 녀석의 정체를 보여주는 다른 이름은 원의 지름에 대한 원둘레의 비인 '원주율'이다. 둘의 관계는 원의 크기와 무관하게 늘 일정하게 유지되는데, 그 값은 3.14로 시작해서 끝도 없이 이어진다. 무한해서 끝까지 셀 수 없다니 뭔가 신비롭게 느껴지지만, 결국 0이나 1처럼 그 값이 고정되어 변하지 않는 상수다. 상수는 수의 종류가 아니라 주어진 식에서 변하지 않는 고유한 수를 의미하며, 반대로 값이 변할 수 있다면 '변수variable'라고 부른다.

우리는 마트에서 장 볼 때 열심히 카트에 집어넣는 맥주 캔의 개수 정도만을 수라고 인식하지만, 제곱해서 음의 수가 나오는 허수 역시 수의 일종이다. 그 외에도 정수와 분수로 적는 것이 가능한 유리수, 그리고 그렇게 나타내기가 어려운 무리수를 합쳐 '실수'라고 한다. 바로 이 무리수에 소속된 유명 인사가 바로 원주율, 파이다. 무리수에서도 초월수transcendental number라는 친목 모임이 있는데, 유한

무리수에서도 초월수라는 친목 모임이 있는데,
유한 차수 다항 방정식에서 계수가 전부 정수로만
이루어져 있을 때, 그 해가 될 수 없는 수가
초월수다.

차수 다항 방정식에서 계수가 전부 정수로만 이루어져 있을 때, 그 해가 될 수 없는 수가 초월수다. 쉽게 말해, 대놓고 노리지 않는 이상, 고등학교 수준의 간단한 수학 문제에서 답으로 뽑힐 만큼 딱 떨어지지 않는 수라고 보면 된다.

다른 선수에 비해 키가 작았지만, NBA 최고의 선수로 꼽히는 앨런 아이버슨이 남긴 명언이 있다. "농구는 신장으로 하는 것이 아니라 심장으로 하는 것이다." 서류상의 키 때문이 아니라 당신의 마음이 작아서 이길 수 없는 것이라는 말을, 신장과 심장이라는 비슷한 두 단어의 언어유희로 바꾸었다. 이렇게 원문의 느낌을 직역보다 훨씬 효과적으로 살려낸 것을 '초월 번역'이라고 한다. 비약이 좀 심하긴 하지만, 번역에 정답이 없는 초월 번역만큼 정해진 답을 찾을 수 없고 도달하기 어려운 경지에 이른 수를 초월수라고 봐도 좋겠다. 원주율 외에도 알려진 초월수가 더 있지만, 이걸 증명하려면 대학 수준의 대수학이나 정수론에 대한 충분한 이해가 필요하기에 쉽지 않다. 다행히 인기 스타 원주율은 초월수라는 게 검증되었다. 그런데 원의 지름과 원둘레가 그렇게나 중요한 이유가 뭘까? 그래봐야 끝없이 이어져서 외우기만 힘든데 말이다.

대스타를 발굴해 내기 위한 오래된 수학 서바이벌

가끔 동글동글 우습게 보일지 몰라도, 원이라는 도형이 우주에서 가장 보편적인 형태라는 것은 누구도 부정할 수 없다. 둥근 태양 주위를 도는 지구도 원을 그리며 돌며, 달 역시 원형의 궤도로 지구 주위를 쉬지 않고 돈다. 고대 그리스의 철학자이자 플라톤의 제자로 유명한 아리스토텔레스는 우주를 움직이는 힘에 대해 설명하기 위해서 원동자 mover라는 개념을 도입했다. 그는 멈추지 않고 움직이는 이 거대한 세상에서, 과연 최초로 이러한 움직임을 시작한 원인이 무엇일지를 고민하다가 그럴싸한 운동의 궁극적인 기원을 찾아냈다. 원동자가 영원한 원운동을 일으키며, 이로 인해 태양과 달, 지구가 끝없이 돌고 있다면 모든 게 깔끔했다. 그는 원에 대해서 이렇게 말했다. "원만큼 신성한 것은 없다. 그래서 신은 태양이나 달, 그 밖의 별들을 둥글게 만들었고, 모든 천체는 원을 그리며 지구 주위를 돌도록 했다." 아리스토텔레스의 천동설은 이미 오래전에 지동설로 대체되었지만, 원에 대한 그의 애정 어린 신성화는 여전히 그럴듯해 보인다. 이처럼 과거 수학자들에게 원은 매력적인 대상이었으며, 그 안에 담긴 비밀을 밝혀내기 위한 노력은 꾸준히 이어져 왔다.

고대 바빌로니아에서 도형을 연구하던 수학자들은, 원 안에 정육각형을 꼭 맞게 넣었더니 정육각형의 둘레 길이가 접해 있는 원 반지름의 6배가 된다는 사실을 발견했다. 두 도형의 둘레 사이에 존재하는 관계를 알아낸 것이었다.

그들이 계산한 결과로, 원주율은 3.125였다. 이집트의 수학자였던 아메스Ahmes는 종이 대용으로 쓰던 파피루스에 원의 지름과 정사각형 변의 길이를 각각 적었다. 두 도형의 넓이가 비슷하다면 원주율은 3.16이 나온다. 두 가지 결과 모두 지금의 원주율에 비해 정확도가 떨어지지만, 원의 둘레나 넓이를 통해 원주율을 근사적으로나마 구하는 건 쉽지 않은 일이었다.

꽤 많은 천재 수학자를 배출해 낸 인도 역시 3.1416이라는 비교적 정확한 원주율을 찾아냈으나, 아쉽게도 그 풀이 과정은 남아 있지 않다. 고대 그리스의 안티폰Antiphon과 브라이슨Bryson은 마치 피자 자르듯이 원의 중심부터 바깥쪽으로 자르다 보니, 잘게 잘린 조각들을 모아 직사각형으로 만들 수 있다는 걸 알아냈다. 원의 넓이를 구하는 새로운 방식을 찾아낸 것이다. 그리고 이 성과는 위대한 철학자이자 수학자였던 아르키메데스Archimedes가 원주율을 계산하는 데 큰 도움을 주었다.

그는 넓이 대신 둘레의 길이에 초점을 맞추었고, 원의 안쪽과 바깥쪽에서 만나는 정다각형을 각각 그려서 자르기 시작했다. 결국, 원의 둘레는 두 정다각형의 둘레 범위 안에 있기에 변을 늘려가면서 정밀도를 높여나갔고, 무려 96개의 변을 갖는 정다각형에 도달해서야 비로소 3.1416이라는 원주율을 얻을 수 있었다. 인도의 수학자와 달리 계산 과정을 꼼꼼히 남겨둔 덕분에, 원주율은 '아르키메데스의 수'라고도 불린다. 이후 고대 중국의 수학자 유휘는 『구장산술九章算術』이라는 수학 책을 다시 집필하는 과정에서 현대의 무한등비급수와 비슷한 방법을 통해 정밀한 원주율의 범위를 구했고, 소수점 둘째 자리까지면 일상에서 활용하기에 충분하다는 것을 깨달았던 유휘 덕분에 원주율, 파이라는 수학계 대스타의 일상 속 계산 값은 3.14로 깔끔하게 정해졌다.

생활 속 꿀 조언부터 우주의 비밀까지 담아낸 원주율

원주율인 파이는 원에서 찾아낸 상수였기에 더욱 신비로웠다. 이제 누구나 원주율만 알고 있다면, 마치 마법처럼 원의 지름만으로 둘레를 알아낼 수 있었다. 지혜로운 우리의 선조들도 원주율을 사용했다. 불국사와 함께 유네스코 세계문화유산으로 지정된 석굴암 내부에는 본존불상을 둘러싼 돔 형태의 천장이 있는데, 동심원을 그리며 서로 맞물려 쌓인 돌들의 간격은 놀라울 정도로 오차 없이 일정하다. 원주율로 원의 둘레를 정확하게 계산할 수 없었다면 결코 불가능한 일이다. 파마하러 미용실에 갈 때도, 내 머리카락의 길이에 꼭 맞는 헤어롤을 고르기 위해서는 원주율이 필요하다. 굳이 시도해 볼 필요까지는 없겠지만, 카페에서 커피를 마시다가도 원주율만 알면 둥근 통에 남은 커피의 양을 쉽게 계산할 수 있다. 161년간 누구도 증명해 내지 못한 세계 7대 수학 난제 중 하나인 리만 가설을 증명하려는 과정에도 소수의 곱으로 표현된 식이 하나 나오는데, 원주율을 구하는 식의 형태와 비슷하다. 그만큼 원주율은 다양하고 광범위하게 인류와 함께해 왔다.

이제 원주율은 흔하다. 이 녀석만 특별히 연구하는 수학자는 없다. 매년 3월 14일을 기념하는 일에서도 성 발렌티누스한테 완전히 밀렸다. 누구도 파이데이를 기념일로 챙기지 않는다. 그래도 잊지 말자. 원주율 덕분에 인류는 굉장한 이득을 얻어왔고, 그로부터 파생된 성과는 셀 수조차 없다. 임영웅 역시 지금의 인기를 계속 유지할 수는 없을 것이다. 하지만 괜찮다. 그가 만들어 낸 순풍은 앞으로 등장할 수많은 가수와 음악 들로 인해 역사에 영원히 남을 테니까. 원주율처럼 말이다.

영원히 끝없이 존재하는
상태를 찾아가는 여정

세상에서 가장 큰 수를 세는 방법

여전히 '대한민국 최고의 예능'이라 불리는 〈무한도전〉에서 '무한'은 어떤 의미로 사용된 걸까? '무모한 도전', '무리한 도전'을 거쳐 '무한도전'으로 안정되었고, 늘 방송의 시작에서 출연진들이 다 같이 '무한도전'을 외치지만 그 의미는 모호하다. 물론 수학적인 관점에서 그렇다는 말이며, 프로그램 이름으로는 나쁠 것이 없다. 우리가 이미 무한이라는 뜻을 어떤 상황에서 사용하는지 알고 있기 때문이다. '놀면 뭐하니?'라는 의문에 답하며 프로그램의 맥을 이어가고 있지만, 아쉽게도 개성 넘치는 방송인들의 도전은 무한 번에 도달하지 못하고 563회로 막을 내렸다. 끝날 때를 몰랐기에 '563도전' 대신 '무한도전'으로 시작했던 것일까. 전설의 예능 방송은 비록 무한하진 않았지만, 무한하기를 바라는 즐거움을 시청자들에게 선사했다. 쉽고 편리하게 사용되는 무한, 정말 그리 간단한 개념인지 확인해 보자.

큰 수의 필요성을 딱히 느끼지 못하는 아프리카의 호텐토트 부족은 1부터 3까지의 수는 셀 수 있지만, 그 이상은 무조건 많다고 대답한다. 콩고 분지에 사는 키가 작은 피그미 부족은 아, 오아, 우아, 오아-오아, 오아-오아-아, 오아-오아-오아라고 수를 센다. 역시 6을 넘어가면 그저 많다고 답할 뿐이다. 좀 더 많이 셀 수 있는 부족은 뉴기니섬의 파푸아 부족이다. 이들은 각 수에 대응되는 신체를 이용해 셈을 하는데, 오른쪽 새끼손가락부터 왼발 새끼발가락까지 이용하면 무려 41까지나 셀 수 있다. 혹시 더 큰 수가 필요할 때는 여러 명이 모여서 몇 번째 사람의 왼손 엄지손가락이라고 하는 식으로도 응용한다. 굉장히 비효율적인 방식 같지만, 별다른 대안이 없었을 것이다. 그래서 보다 새로운 수 체계가 필요했다.

고대에는 각 수에 해당하는 특별한 기호를 만들었고, 그 기호를 해당하는 단위에 맞추어 반복해서 적는 형태로 숫자를 썼다. 그러다 보니 로마인에게 30만이라는 숫자를 적어보라고 하면, 점토판 위에 뾰족한 필기구로 최선을 다해 종일 끄적일지도 모른다. 무한까지 도달하긴커녕 큰 수를 적는 것조차 버거웠던 것이다. 기원전 3세기가 되어서야 드디어 제대로 된 거물급 '프로계산러'가 등장했다. 바로 고대의 전설적인 철학자, 수학자, 물리학자 그리고 천문학자인 아르키메데스다. 그는 매우 큰 수를 세고 싶었고, 그러기 위해 큰 수를 어떻게 불러야 할지부터 고민했다. 당시 존재하던 가장 큰 수는 1만이었는데, 1만과 1만을 곱한 1억, 즉 10^8을 1차수로 정했고, 여기에 10^8을 곱한 10^{16}을 2차수로, 또 곱하면 3차수, 이런 식으로 10^8차수까지 만들었다. 차수가 1억 개 있다는 뜻이며, 쉽게 말해 지수의 법칙을 사용한 반복적인 지수함수를 만들어 낸 것이다.

아르키메데스가 이렇게 큰 수를 만들어 낸 이유는 모래알의 수가 무한하지 않고 충분히 셀 수 있다는 것을 보여주기 위함이었다. 그렇게 나온 논문이 바로 「모래알을 세는 사람The Sand Reckoner」이다. 당시 시칠리아섬 시라쿠사의 왕에게 보여주기 위해 쓴 것인데, 이는 대중에게 연구 결과를 설명하기 위한 최초의 논문이 되었다. 우리가 모래알을 모두 세지 못하는 이유는 그 수를 부를 만한 이름이 없기 때문이며, 매우 큰 수를 부를 방법만 있다면 세상에 세지 못할 것은 없다는 것이 그의 결론이었다. 심지어 그는 당시 알려진 지동설을 바탕으로 우주의 크기를 추정하고, 우주 전체를 채우는 데 필요한 모래알의 개수를 제시했다. 물론 당시 아르키메데스가 생각하던 우주의 크기는 지금 밝혀진 크기에 비하면 너무 작았고, 우주가 원자들로 빽빽하게 채워져 있지도 않기에 틀린 결과를 보여줄 수밖에 없었지만, 그의 접근 방식은 놀라울 만큼 과학적이었다.

일부와 전체가 같다는 수학적 의미

이제 충분히 큰 수는 세어본 것 같다. 하지만 아직 부족하다. 목표는 그저 크기만 한 수가 아니다. 무한하지 않다면, 충분한 시간을 통해 어떻게든 그 수에 도달할 수 있다. 하지만 아무리 오랜 시간을 들여도 결코 써 내려갈 수 없는 상태가 있다. 무지막지하게 큰 수조차 가뿐히 뛰어넘는, 바로 무한이다. 기호 '∞'는 오래전부터 있었지만, 이 기호가 나타내는 개념 자체는 금기나 신의 영역처럼 여전히 신비롭고 모호했다. 이런 상황에서 독일의 수학자 게오르크 칸토어Georg Cantor는 무한에 대해 집요하게 탐구했다. 만약 무한의 세계가 존재한다면 그 일부와 전체가 같을 것이라는, 그의 허무맹랑한 주장은 수학자들에게 받아들여지지 않았다.

예를 들어, 바구니 안에 사탕 10개가 들어 있다고 해보자. 그리고 그중에서 박하사탕만 따로 표시해 보자. 박하사탕의 개수가 바구니 속 사탕의 수와 같을까? 그럴 리 없다. 바구니 속 사탕이라는 전체에서 박하사탕 몇 개만 표시했기에, 박하사탕은 그 일부일 뿐이다. 과연 정말인지 비교해 보자. 바구니 속 사탕을 하나 세고, 박하사탕을 세는 식으로 말이다. 박하사탕 역시 바구니 속 사탕이기 때문에 박하사탕을 셈하는 것은 금방 끝나버리고 다른 사탕만 남을 것이다. 그런데 무한을 셀 때는 그렇지 않다.

모두 알고 있듯이, 1, 3, 5, 7로 이어지는 홀수는 1부터 시작하는 자연수에 포함된다. 자연수가 전체라면, 홀수는 그

당연히 자연수가 홀수보다 많을 것 같다. 과연
그럴까? 두 수는 모두 무한하다. 자연수와 홀수를
하나씩 짝을 지어서 세는 것이다. 어떻게 짝을
지어도 남거나 모자라는 수는 존재하지 않는다. 즉,
자연수와 홀수의 개수는 서로 같다는 말이다.

일부라는 뜻이다. 당연히 자연수가 홀수보다 많을 것 같다. 과연 그럴까? 두 수는 모두 무한하다. 그럼 이제 사탕을 세는 방식을 똑같이 써보자. 자연수와 홀수를 하나씩 짝을 지어서 세는 것이다. 어떻게 짝을 지어도 남거나 모자라는 수는 존재하지 않는다. 즉, 자연수와 홀수의 개수는 서로 같다는 말이다. 그래서 칸토어는 무한의 경우에는 전체와 그 일부가 같다는 결론을 내렸다. 무한을 인정하지 않았던 그의 지도교수는 훗날 그가 교수직에 임용되지 못하도록 손썼고, 천재 수학자 앙리 푸앵카레도 무한에 대한 그의 집착을 질병이라며 비판했다. 그는 우울증에 시달렸고, 결국 정신병원에서 생을 마감했다.

절대로 만실이 되지 않는 힐베르트 호텔

20세기 수학의 흐름을 바꾸었다고 평가받는 독일의 수학자 다비트 힐베르트는 칸토어를 지지했다. 심지어 그는 무한을 칸토어가 만들어 낸 '수학자들의 낙원'이라 표현하며, 무한의 특성을 쉽게 설명하기 위해 가상의 호텔을 하나 머릿속으로 지었다. 바로 무한한 객실을 보유한 힐베르트 호텔Hilbert's Hotel이다. 이 호텔은 늘 객실이 손님으로 가득 차 있다. 그런데 재미있는 건, 새로운 손님이 몇 명이 오든 늘 빈방을 마련해 추가 손님을 묵게 할 수 있다는 것이다. 1명이 오면, 호텔 지배인은 모든 손님을 각 손님의 방 번호에

1을 더한 번호의 방으로 옮기면 된다. 97명의 새로운 손님이 오면, 5번 객실에 있던 기존 손님을 102번 객실로 옮기는 식이다. 방이 무한하기에, 언제나 새 객실을 마련할 수 있다.

만약 특정한 인원이 아니라 무한 명의 손님이 와도 마찬가지다. 모든 방의 기존 손님들이 방 번호에 2를 곱한 방으로 옮기면, 무한한 홀수 번의 빈방이 생기니 신규 손님들은 순서대로 그 방으로 들어가면 된다. 무한 대의 버스를 타고 무한 명의 손님이 온다면 어떨까? 이럴 땐 1과 자기 자신으로만 나누어지는 수인 소수를 이용한다. 기존 손님은 소수 2에 자신의 방 번호를 제곱한 방으로 이동하고, 각각의 무한한 버스마다 3부터 이어지는 소수를 배정해서 무한한 손님들이 배정된 소수에 각자가 타고 온 버스 내에서 1번부터 차례로 부여받은 승차번호를 제곱한 방으로 가도록 안내하면 끝이다. 아마도 빈방이 띄엄띄엄 많이 생기겠지만, 적어도 다른 호텔을 알아봐야 할 손님은 없을 것이다. (물론 매번 짐을 다시 싸고 풀어야 하는 손님들의 사정은 전혀 고려하지 않는 불친절한 호텔이긴 하다.) 이게 바로 무한이 가진 특별한 성질이다.

자연수는 어떻게든 호텔을 통해 비유할 수 있지만, 정수나 분수, 혹은 기하학적인 점까지 포함하면 훨씬 더 복잡해진다. 일상에서 쉽게 사용하는 것처럼 간단한 개념은 아니라는 뜻이다. 하지만 수학자들은 무한을 세는 방법을 알아냈고, 이젠 무한의 크기를 서로 비교도 할 수 있게 되었다. 무한이라는 난해한 표현을 이해하기 위한 무한한 접근을 해낸 것이다. 우리는 알아야 하며 알게 될 것이라던 힐베르트의 말처럼, 아무리 어려운 문제라도 인류는 반드시 명쾌한 결론에 도달할 수 있을 것이다. 정말 무한한 도전으로 말이다.

가장 정확하게 실패하는 방법

'실패'라는 단어가 갖는 공포심은 엄청나다. 실패해 보지 않은 사람은 아마 없겠지만, 실패해 봤다고 해서 좌절감이 무뎌지는 것도 아니다. 뭐든 실패하고 싶지 않다는 것은 삶을 살아가는 모두의 소망이다. 특히나 완전무결함을 추구하는 수학자들이나 객관적인 진리를 탐구하는 과학자들에게는 더욱 그랬다. 머릿속으로 138억 년 전 우주의 기원을 보고, 고차원적인 사고실험으로 보이지 않는 것을 다루는 그들에게 실패란 용납되지 않았다. 아주 오랜 옛날 그들의 실패는 인류의 실망으로 직결된다고 믿어졌기 때문에, 고고한 자존심은 결코 물러서지 않았다.

실패를 몰랐던 수학자

기원전 300년경 고대 그리스의 수학자 유클리드는 실패하고 싶지 않다는 마음이 매우 강했고, 영원히 틀리지 않는 무언가를 만들어 내는 것이 일생의 꿈이었다. 이 꿈을 이루기 위해서 그는 먼저 결코 흔들리지 않는 기반을 찾기로 했는데, 그것이 바로 공리다. 논리학이나 수학 등의 이론 체계에서 증명할 필요가 없는 가장 기초적인 근거가 되는, 뜻이 분명한 문장을 '공리axiom'라고 하는데, 여기서 그는 몇 가지 공리를 시작으로 다양한 개념들을 정의해 나갔다.

가장 먼저 정의한 것은 점이었다. 수학에서 주머니 속 동전보다 훨씬 쉽게 꺼내 사용하는 존재에 대해 유클리드는 이렇게 정의했다. "부분이 없는 것." 이 얼마나 완벽한가. 점은 부분이 없다. 다시 말하면, 더 이상 쪼갤 수 없다는 뜻이다. 가장 작은 단위이자, 선과 면을 추상해 나갈 수 있는 기반이 되는 것이 바로 점이다. 위치만 있을 뿐, 그 외에 길이나 폭은 결코 존재하지 않는다. 이어서 선은 폭이 없는 길이로 정의된다. 또한 선의 끝은 점이 된다. 이러한 방식으로 그는 13권의 책 안에 131개의 정의와 465개의 명제를 남겼다. 이렇게 만들어진 것이 바로 에우클레이데스의 『원론』, '최초의 수학 교과서'라고 불리는 기하학의 바이블이다.

실패와 성공의 우주관

과학에서 '실패'라는 것은 때로는 패러다임의 전환 이후에 과거를 질책하는 표현이기도 하다. 인류는 짧은 과학의 역사 동안 크고 작은 변화를 경험해 왔다. 그중 가장 기억에 남는 사례가 있다면, 누가 뭐래도 우주의 운동마저 인간 중

251

심적으로 해석한 천동설과 그에 반기를 든 지동설일 것이다. 천동설에 따르면, 우주의 중심은 지구이며 세계의 주인공은 인간이다. 과거에는 이것이 너무도 당연한 이야기였기 때문에, 태양과 별, 행성 등 모든 천체가 지구 주위를 돈다는 프톨레마이오스Ptolemy의 천동설(지구중심설)에는 아무런 문제도 없었다. 16세기까지 무려 1,400여 년 동안 누구도 의심하지 않았으니, 이 정도면 매우 성공적인 학설이었을 것이다. 니콜라우스 코페르니쿠스Nicolaus Copernicus가 지동설(태양중심설)을 주장하기 전까지는 말이다.

지구가 가만히 있고 나머지 모든 것이 지구 주위를 돈다면, 지구에서 별을 보았을 때 별의 위치가 상대적으로 바뀌어 보일 리가 딱히 없으며, 태양과 지구 사이에 있는 금성의 모양이 다양하게 변하는 것도 설명할 수 없다. 관측기술이 점차 발달하면서 천동설로 설명할 수 없는 다양한 문제들이 등장하게 되었고, 결국 지구가 태양 주위를 다른 행성들과 함께 돈다는 지동설이 인정받게 되었다. 그렇다면 천동설을 주장했던 과학자들은 모두 실패자로 봐야 할까? 그들의 패러다임이 무너졌고, 이제 누구도 태양이 지구 주위를 돈다고 생각하지 않기 때문에 그간의 노력들은 무의미한 것일까? 또 다른 예를 찾아 18세기 프랑스로 가보자.

플로지스톤이라는 기본 입자

물질은 왜 타는가? 요즘 초등학교 6학년들이 배우는 이 질문에 대한 답을 과거에는 누구도 알지 못했다. 세상에는 신기하게도 잘 타는 무언가가 있고, 쉽게 타지 않는 것들도 많다. 그 차이가 무엇인지 이해할 수 없었던 당시 과학자들은 기본 입자를 하나 만들어서 물질이 타기 위해 꼭 필요한 입자라고 주장하며 이를 '플로지스톤phlogiston'이라 명명했다. 이 가상의 입자는 모든 가연성 물질에 숨어 있으며, 일단 불이 붙으면 서서히 빠져나간다. 그러다 보니 플로지스톤이 빠져나간 만큼 물질의 질량은 줄어들게 되고, 전부 빠져나가 버리면 타버린 물질에 더 이상 불이 붙지 않게 되는 것이다. 대부분의 물질은 연소와 함께 질량이 줄어들기 때문에, 이 가설은 상당히 그럴듯한 형태로 한 세대를 풍미했다.

하지만 역시 한 가지 문제가 발견된다. 종이를 태우면 분명히 질량이 줄어드는데, 금속을 태우는 경우에는 오히려 질량이 늘어났던 것이다. 타버린 뒤에 플로지스톤이 빠져나갔다면, 과연 늘어난 질량은 어디서 온 것일까? 이 문제는 우리가 다이어트를 포기할 때 가장 많이 탓하는 '질량 보존의 법칙'으로 유명한 라부아지에Antoine Lavoisier가 해결한다. 정밀한 측정을 즐겼던 그는, 수많은 실험을 반복하며 연소되기 전과 후의 질량을 비교했다. 그러다가 결국 그 차이가 플로지스톤에 의한 것이 아니라 산소라는 새로운 원소가 물질과 상호작용 하기 때문이라는 것을 밝혀낸다.

과학에서의 실패란 무엇인가

산소의 발견은 화학 연구에 한 획을 그은 역사적인 진보였다. 그렇다면 플로지스톤설은 실패한 가설이며, 플로지스톤에 대한 연구를 강행하던 당시 과학자들 역시 전부 실패자일 뿐일까? 과학에서 진정한 실패의 의미란 무엇일까.

플로지스톤설이 옳다는 것은 결코 아니다. 천동설이 아직까지도 그럴듯하다는 말도 아니다. 낡은 이론과 학설들은 분명히 잘못된 것이며, 반드시 수정되어야 한다. 하지만 단순히 지난 잘못들을 실패라고만 보기에는 어폐가 있다. 과학은 쏟아져 나오는 실패들 속에서 합리적인 이론을 구축해 나가야 하며, 수정이 필요한 기존 논리들 역시 패러다임 변화의 1등 공신이다. 플로지스톤을 철저히 숭배했던 영국의 화학자 프리스틀리Joseph Priestley가 결국 산소를 발견했던 것처럼, 플로지스톤설이 새로운 변화에 얼마나 비중 있는 역할을 담당했는지에 따라 가치를 재평가받을 필요가 있다. 천동설로 우주의 구조에 대해 생각하지 않았다면, 지동설도 등장하기 어려웠을 것이다.

수천 년간 절대적인 권위를 갖고 있던 유클리드 기하학도 일반 상대성이론의 등장과 함께 중력이 있는 공간에서는 적합한 체계가 아니라는 것이 알려졌다. 결국 완전무결함을 꿈꾸었던 유클리드도 실패자가 되어버린 걸까? 하지만 아인슈타인은 만일 자신이 과거의 기하학적 해석에 대해 몰랐다면 상대성이론을 결코 만들어 낼 수 없었을 것이라고 말했다. 일반 상대성이론은 공간에 대한 기반을 비유클리드 기하학non-Euclidean geometry에서 가져온 것이며, 비유클리드 기하학 자체는 유클리드 기하학의 공리를 의심하는 과정에서 출발했기 때문이다.

실패자의 새로운 정의

과학은 진리가 아니다. 과학에서의 실패는 우리가 보편적으로 알고 있는 실패가 아닐 수도 있다. 결코 도달할 수 없는 목적지를 향해 무한히 접근해 가는 과정을 실패라고 한다면, 모든 실패는 또한 목적지로 오르기 위한 비상계단일 것이다. 결국 누구도 해보지 못한 시도를 하고, 그 안에서 완전히 새로운 방향을 찾는 것이 바로 과학에서의 숭고한 실패의 정의다. 과학은 실패를 위한 학문이며, 지금 우리가 누리는 모든 것도 끝없이 시도된 실패로부터 태어났다.

새롭게 정의된 관점에서 보면, 실패한 과학자들은 셀 수 없이 많다. 하지만 실패를 두려워한 과학자는 없었다. 심지어 그들 누구도 자신의 접근이 '실패'라고 생각하지 않았을 것이다. 과학에서 유일한 '실패'는 아무것도 시도하지 않는 상태이며, 혹시라도 '실패한 과학자들'이라고 불릴 만한 역사의 영웅들조차 새로운 통로를 열기 위해 힘차게 벽을 두드렸던 개척자들로 기억해야 한다.

혹시 지금 당신이 실패처럼 보이는 상황을 경험하고 있다면, 복잡하게 생각하지 말고 딱 한 가지만 기억하라. 우리가 누리는 모든 혜택이 얼마나 수많은 실패로부터 탄생한 멋진 성공인지를 말이다. 지금까지 과학은 언제나 우리가 붙잡고 버틸 수 있는 마지막 디딤돌이 되어주었고, 위기의 순간에서 항상 돌파구를 마련하는 놀라운 기적을 보여주었다.

사실 인류가 우리 은하 변두리 어딘가에 존재한다는 결과조차도 셀 수 없이 많은 우주의 실패로부터 시작된 웅장한 생존이다. 실패나 성공을 위한 아무런 의도조차 존재하지 않는 우주에서 우리 모두는 당당히 지금까지 살아남았다. 절망적인 실패를 뛰어넘어 가장 경이로운 성공을 해낸 자기 자신의 위대함에 조금이라도 의심이 들거나 좀처럼 자부심이 느껴지지 않는다면, 그때야말로 두말할 나위 없는 과학이 등장할 좋은 순간이며, 절실하게 과학이 필요한 시간이다. 즐겁게 맞이해 주길 바란다.